离散事件动态系统性能评估与仿真

周江华 苗育红 著

科学出版社

北京

内 容 简 介

本书从随机变量的生成、样本路径的抽样和估计器的构造三个层面着手探讨了离散事件动态系统(DEDS)性能评估与灵敏度估计中的高效率仿真问题。在第一个层面,对随机数发生器的构造、随机变量的计算机生成技术进行了系统的归纳和整理,重点讨论了取中分布和剩余分布等非传统随机变量的高效率抽样问题。在后两个层面,建立了离散事件动态系统广义半Markov过程(GSMP)的一般描述,并在GSMP描述的框架内研究并给出了DEDS仿真的三种不同实现:"经典事件调度法""极小分布抽样法"和"嵌入泊松流法"。

图书在版编目(CIP)数据

离散事件动态系统性能评估与仿真 / 周江华,苗育红著. —北京:科学出版社,2016

ISBN 978-7-03-049836-6

Ⅰ. ①离··· Ⅱ. ①周··· ②苗··· Ⅲ. ①离散-动态系统 Ⅳ. ①O158

中国版本图书馆CIP数据核字(2016)第212388号

责任编辑:胡庆家 赵彦超 / 责任校对:钟 洋
责任印制:张 伟 / 封面设计:铭轩堂

科学出版社 出版
北京东黄城根北街16号
邮政编码:100717
http://www.sciencep.com

北京建宏印刷有限公司 印刷
科学出版社发行 各地新华书店经销

*

2016年10月第 一 版 开本:720×1000 B5
2018年 1 月第三次印刷 印张:10 1/4
字数:210 000

定价:58.00元
(如有印装质量问题,我社负责调换)

前　言

　　离散事件动态系统(Discrete Event Dynamics Systems, DEDS)的性能评估和仿真研究是一个具有挑战性的课题。从定量分析和评估的角度看，离散事件动态系统研究中的一个根本困难在于目前还没有简单且易于求解的数学模型。到目前为止，计算机仿真仍是 DEDS 性能分析、评估和优化的主要手段，很多时候甚至是唯一可行的手段。然而 DEDS 仿真从根本上说是一种随机试验的方法，为了获得系统性能测度的准确估计，通常需要进行大量次数的仿真。提高仿真算法的效率，是应用中需要解决的一个重要问题。近年来，随着科技的进步以及仿真技术在 DEDS 性能评估中的广泛应用，一些新问题的出现了，如灵敏度估计问题、基于仿真的优化问题、小概率事件系统仿真等，对传统的仿真方法构成了严重的挑战，解决这些问题需要在高效率仿真算法上取得突破。

　　基于对随机 DEDS 仿真过程的分析，本书主要从三个层面着手研究提高仿真效率的方法：其一，提高随机变量的生成效率；其二，设计高效率的样本路径的抽样机制，以加快获取样本性能测度；其三，引入减小方差技术，构造方差小的高效率估计器。其中，第二、三个层面是研究的重点。

　　在随机数发生器层面，本书对近年来陆续出现的随机变量生成算法进行了系统的筛选，介绍了这方面的一些最新成果。此外，针对近年来出现的可靠性应用中的剩余寿命估计问题，设计了高效率的剩余分布抽样算法，解决了可靠性评估中的剩余分布抽样的难题。

　　在提高样本路径的高效率抽样层面，本书在广义半 Markov 框架下，导出了样本路径抽样的三种通用实现方法，并在此基础上创造性地提出了 Markov-DEDS 高效率仿真的 NON-CLOCK(NC)方法。NC 方法打破了 DEDS 仿真中以仿真钟的推进机制为核心的传统思路，完全舍弃了仿真钟。该方法极大地简化了仿真程序，且数据处理方便，适用于任意稳态或暂态性能测度的估计，并通过结合条件期望减小方差的技巧提高了仿真精度。和目前公认最优秀的标准钟(SC)方法相比，NC 方法的仿真效率和精度均要优于 SC 方法。

　　在高效率估计器构造层面，本书系统研究了 NC 仿真框架下的重要抽样方法，设计了重要抽样下的三种估计器。通过引入变概率测度的动态变参数方案，较好地解决了将一些已证明有效的启发式方法纳入 NC-重要抽样框架的问题，并根据 NC-重要抽样仿真的特点对原有方法进行了改进，提出了一些新的公式，从而比较完整地提供了面向实际评估问题的 NC-重要抽样仿真框架。

本书在估计器构造层面的另一个贡献是设计了 Markov-DEDS 参数灵敏度估计的一致、通用、高效估计器。由于参数灵敏度估计问题的复杂性，一致、通用、高效率的仿真算法是迄今为止仍未解决的难题。书中给出的 SPA-LR 方法及三种实用的减小灵敏度估计方差技术，在广泛应用的 Markov 模型上，较好地解决了这一问题。

本书在高效率仿真方法上实现了两个主要突破：其一，提出了 Markov-DEDS 高效率仿真的 NC 方法，并给出了 NC 方法和重要抽样方法相结合的技术解决方案，在很大程度上提高了这类系统的评估效率；其二，给出了基于 NC 方法的 Markov-DEDS 参数灵敏度估计的一致、高效、通用估计算法，解决了目前方法应用面窄、收敛效率低的问题。这两个突破对解决应用中的实际问题具有重要的理论意义和实用价值。

本书的内容组织基本上围绕提高仿真效率的三个层面来展开。第 1 章对 DEDS 的研究现状和研究手段作了简要介绍。在第 2 章，对近年来陆续出现的随机数发生器进行了系统的筛选，介绍了若干性能优异、计算效率高的长周期发生器，还介绍了随机变量生成技术的一些新成果，并给出了可靠性评估中的剩余寿命抽样难题的解决方案。

第 3 章和第 4 章重点讨论样本路径的高效率抽样问题。第 3 章在广义半 Markov 框架下，导出了样本路径抽样的三种实现方法，在此基础上进一步给出了 Markov-DEDS 样本路径的高效率抽样算法。第 4 章详细阐述 Markov-DEDS 仿真的 NON-CLOCK(NC)方法。给出了不同仿真终止条件下 Z 序列的抽样以及估计器的构造，并给出了 NC 方法的应用及其与标准钟方法的比较。

第 5 章和第 6 章属于估计器构造层面的问题。其中，第 5 章重点讨论了 NC 仿真框架下的重要抽样方法的实现、估计器的构造及其在小概率事件系统仿真中的应用。第 6 章讨论了 Markov-DEDS 的参数灵敏度估计问题，设计了参数灵敏度的一致、通用 SPA-LR 估计器，并给出了提高估计效率的减小方差技巧。

第 7 章主要研究了仿真精度分析和评定问题，建立了若干种基于不同思路的仿真精度评定框架，如针对独立样本的经典置信区间精度分析框架、Jackknife 精度分析框架和 Bootstrap 精度分析框架，针对相关子样的批均值和重叠批均值法精度分析框架。

在每一章的具体论述上，书中大致按照"模型和算法"→"仿真算例和算法检验"→"应用举例"的模式展开。其中"仿真算例和算法检验"主要利用一些存在解析解的评估问题，如 $M/M/1$，$M/M/1/K$ 系统的评估问题对书中的仿真算法的适用性进行检验；"应用举例"中的评估问题主要以作者在科研中遇到的具体问题为研究对象。

本书可供相关专业大学研究生作为教材使用，也可供工程技术人员参考。

作者在编写此书时花费了大量精力，然限于水平，疏漏与不足之处难免，殷切希望读者批评指正。

作　者

2016 年 7 月

目　　录

前言
第1章　绪论 ··· 1
 1.1　离散事件动态系统的研究对象 ·· 1
 1.2　计算机仿真在 DEDS 研究中的地位和作用 ····································· 2
 1.3　高效率仿真在 DEDS 性能评估中的价值 ·· 4
 1.4　DEDS 的研究现状和研究手段 ·· 7
  1.4.1　提高仿真效率的主要手段 ·· 7
  1.4.2　灵敏度估计的高效率仿真 ·· 9
第2章　随机变量的高效率抽样技术 ··· 12
 2.1　$U(0,1)$均匀分布随机数发生器 ·· 13
  2.1.1　基本构造形式 ·· 13
  2.1.2　组合式随机数发生器 ·· 15
  2.1.3　随机数发生器的检验 ·· 17
 2.2　随机变量的精确抽样技术 ·· 18
  2.2.1　反变换法 ·· 18
  2.2.2　取舍法 ··· 19
  2.2.3　函数变换法 ··· 20
  2.2.4　组合法 ··· 20
  2.2.5　比值法 ··· 21
  2.2.6　概率密度函数凹变换法 ·· 22
 2.3　取中分布随机变量抽样算法 ··· 24
  2.3.1　反变换法 ·· 24
  2.3.2　简单取舍法 ··· 24
  2.3.3　继承取舍抽样法 ·· 24
 2.4　剩余分布抽样的高效率算法 ··· 25
  2.4.1　剩余分布的数学描述 ·· 25
  2.4.2　当前常用的剩余分布抽样方法 ··· 26
  2.4.3　继承取舍抽样法 ·· 27
  2.4.4　极限分布抽样法 ·· 28

2.4.5　函数变换法 …………………………………………………… 30
　　　2.4.6　应用举例 ……………………………………………………… 31
　2.5　本章小结 ……………………………………………………………… 32
第3章　随机 DEDS 仿真的三种实现 ……………………………………… 34
　3.1　DEDS 的五元组描述 ………………………………………………… 35
　3.2　经典事件调度法 ……………………………………………………… 36
　3.3　极小分布抽样法 ……………………………………………………… 37
　　　3.3.1　方法的数学描述 ……………………………………………… 37
　　　3.3.2　Markov 系统的高效率仿真 …………………………………… 40
　　　3.3.3　并发构造样本路径的归一时钟序列法 ……………………… 41
　3.4　嵌入泊松流法 ………………………………………………………… 42
　　　3.4.1　方法的数学描述 ……………………………………………… 42
　　　3.4.2　Markov 型 DEDS 仿真的标准钟方法 ………………………… 43
　3.5　应用举例 ……………………………………………………………… 44
　3.6　本章小结 ……………………………………………………………… 47
第4章　**Markov 型 DEDS 性能评估的 NON-CLOCK 方法** …………… 48
　4.1　DEDS 性能评估问题的一般描述 …………………………………… 49
　4.2　DEDS 仿真时样本路径的终止方式 ………………………………… 50
　4.3　NON-CLOCK 方法 …………………………………………………… 51
　　　4.3.1　构造 Z 序列的基本仿真流程 ……………………………… 51
　　　4.3.2　不同仿真类型下 Z 序列的构造 …………………………… 53
　　　4.3.3　性能测度的估计 ……………………………………………… 54
　　　4.3.4　稳态性能测度的估计 ………………………………………… 56
　4.4　算法适用性检验 ……………………………………………………… 58
　　　4.4.1　$M/M/1/K$ 系统平均首次溢出时间的估计 ………………… 59
　　　4.4.2　$M/M/1/K$ 瞬时溢出概率的估计 …………………………… 59
　　　4.4.3　$M/M/1/K$ 系统 $[0,T]$ 时间内平均队长的估计 ………… 60
　　　4.4.4　$M/M/1/K$ 系统稳态平均队长 ……………………………… 61
　4.5　NC 方法的扩展 ……………………………………………………… 62
　　　4.5.1　并发构造多参数集下的样本路径 …………………………… 62
　　　4.5.2　系统可靠度估计的 Ⅰ 型仿真方案 …………………………… 62
　　　4.5.3　Ⅱ 型仿真的另一种估计器 …………………………………… 64
　　　4.5.4　提高 Z 序列"均匀化实现"效率的技巧 ………………… 65
　4.6　应用举例 ……………………………………………………………… 66
　　　4.6.1　最优贮备问题 ………………………………………………… 66

4.6.2　k-out-of-n(F)C 系统的可靠性评估 ………………………………………… 67
　　4.6.3　电力系统安全性评估 ………………………………………………………… 68
4.7　本章小结 ……………………………………………………………………………… 73

第 5 章　小概率事件系统仿真的 NC-重要抽样方法 …………………………………… 74
5.1　小概率事件仿真难题 ………………………………………………………………… 75
5.2　重要抽样方法原理 …………………………………………………………………… 76
5.3　NC-重要抽样仿真框架 ……………………………………………………………… 77
　　5.3.1　Z 序列似然函数计算 …………………………………………………………… 78
　　5.3.2　改变 Z 序列概率测度的动态变参数法 ……………………………………… 79
　　5.3.3　NC-重要抽样方法的仿真流程 ………………………………………………… 81
5.4　NC-重要抽样的三种估计器 ………………………………………………………… 82
　　5.4.1　经典估计器 ……………………………………………………………………… 82
　　5.4.2　比值估计器 ……………………………………………………………………… 82
　　5.4.3　控制变量估计器 ………………………………………………………………… 83
5.5　稳态性能测度估计的重要抽样方法 ………………………………………………… 84
5.6　NC-重要抽样方法在高可靠性仿真中的应用 ……………………………………… 85
　　5.6.1　加速失效重要抽样方案 ………………………………………………………… 85
　　5.6.2　系统平均首次失效时间(MTTF)的估计 ……………………………………… 87
　　5.6.3　系统稳态可用度估计 …………………………………………………………… 88
　　5.6.4　平均开工时间的估计(MTBF) ………………………………………………… 88
　　5.6.5　系统可靠度估计 ………………………………………………………………… 88
5.7　仿真实验 ……………………………………………………………………………… 95
　　5.7.1　$M/M/1/K$ 队列溢出概率评估 ………………………………………………… 96
　　5.7.2　$M/M/1/K$ 队列平均首次失效时间评估 ……………………………………… 97
　　5.7.3　$M/M/1/K$ 队列瞬时可靠度估计 ……………………………………………… 97
5.8　应用举例 ……………………………………………………………………………… 99
5.9　本章小结 ……………………………………………………………………………… 101

第 6 章　Markov-DEDS 参数灵敏度估计 ………………………………………………… 102
6.1　DEDS 参数灵敏度估计的一般描述 ………………………………………………… 102
6.2　NC 框架下性能评估问题简要回顾 ………………………………………………… 103
6.3　参数灵敏度的 SPA-LR 估计器 ……………………………………………………… 104
6.4　稳态性能测度的灵敏度估计 ………………………………………………………… 107
6.5　高阶导数的估计 ……………………………………………………………………… 108
6.6　灵敏度估计算法检验 ………………………………………………………………… 110
　　6.6.1　$M/M/1/K$ 队列平均崩溃时间的参数灵敏度估计 …………………………… 110

6.6.2　$M/M/1/K$ 队列瞬时溢出概率的参数灵敏度估计 ………………… 112
6.6.3　$M/M/1/K$ 系统 $[0,T]$ 时间内平均队长的灵敏度估计 …………… 113
6.6.4　$M/M/1/K$ 队列稳态平均队长的参数灵敏度估计 ………………… 113
6.6.5　$M/M/1$ 队列稳态平均队长的高阶参数灵敏度估计 ……………… 114
6.7　提高灵敏度估计效率的方法 ……………………………………………… 116
6.7.1　SPA-LR 估计器的收敛特征分析 ………………………………… 116
6.7.2　通过缩短 Z 序列的长度提高估计效率 …………………………… 117
6.7.3　减小灵敏度估计方差的控制变量法 ……………………………… 120
6.7.4　减小灵敏度估计方差的重要抽样方法 …………………………… 123
6.8　应用举例 ………………………………………………………………… 125
6.9　本章小结 ………………………………………………………………… 126

第 7 章　仿真精度分析 …………………………………………………………… 128
7.1　子样独立时的仿真精度分析 …………………………………………… 129
7.1.1　经典统计学方法 …………………………………………………… 129
7.1.2　经典方法的贯序实现方案 ………………………………………… 133
7.1.3　Jackknife 方法 ……………………………………………………… 134
7.1.4　Bootstrap 方法 ……………………………………………………… 135
7.2　子样相关时的仿真精度分析 …………………………………………… 136
7.2.1　批平均值法 ………………………………………………………… 137
7.2.2　一致批均值法 ……………………………………………………… 140
7.2.3　一致批均值法的动态实现 ………………………………………… 141
7.2.4　重叠批平均值法 …………………………………………………… 142
7.3　本章小结 ………………………………………………………………… 143

参考文献 ………………………………………………………………………… 145
索引 ……………………………………………………………………………… 153

第1章 绪 论

1.1 离散事件动态系统的研究对象

离散事件系统是指系统中的状态只在离散时间点上发生变化,而且这些离散时间点一般是不确定的. 离散事件系统的系统状态是离散变化的,而引发状态变化的事件是随机发生的,因此这类系统的模型很难用数学方程来描述.

离散事件动态系统(Discrete Event Dynamics Systems, DEDS)指系统的动态行为受离散事件驱动,并由离散事件按照一定的运行规则相互作用,来导致系统状态演化的一类动态系统. 这类系统的状态一般不随时间做连续变化,而是受离散时间点发生的事件(通常是随机发生的)驱动,呈现跳跃性的变化[1-6]. 离散事件动态系统的称谓首先由著名的控制论专家、哈佛大学何毓琦教授在 1980 年前后引入,但对这类系统的研究最早可以追溯到对排队论的研究和人造系统可靠性的研究. 以今天的观点来看,排队论、系统可靠性分析、网络分析、运筹学和调度排序等方法所研究的对象,许多都可以归入 DEDS 的范畴.

"状态"和"事件"是 DEDS 中两个基本的概念[1-7]. DEDS 中的"事件",通俗的说就是引起系统状态发生改变的外部行为. DEDS 中"状态"为反映系统内部实体分布状况的离散数字量,如排队系统中各队列排队等候的顾客数目. 由于 DEDS 早期源于对人造系统(如制造系统)的管理、控制、资源的调度及分配的研究,因而以下名词在 DEDS 研究中经常出现:作业(Job)、资源(Resource)、调度(Scheduling). 此外,根据 DEDS 应用领域的不同,会相应引入一些新的概念.

离散事件动态系统研究的热潮始于 20 世纪 80 年代,由于计算机技术、信息处理技术和机器人技术的快速发展和广泛应用,在通讯、制造、交通管理、军事指挥等领域相继出现了一批反映技术发展方向的人造系统,典型的例子如柔性制造系统、计算机网络、通讯网络、机场交通管理系统、军事指挥中的 C^3I 系统等. 在这类系统中,对系统的行为起决定作用的是一些发生在离散时间点的事件,而不是连续变量,所遵循的通常是一些复杂的人为制定的规则,而不是物理学定律. 正是基于对这类系统逻辑行为和性能评估的需要,推动着离散事件动态系统理论的形成和发展. 总之,近年来 DEDS 之所以受到人们的充分重视,并被认为是系统与控制论领域的一个前沿方向,一个重要的原因是一大批高技术发展的需要和推动的结果. 根据所关心的问题的不同,目前关于 DEDS 的研究,大致可分为三类[1,7-13]:

(1) 逻辑层次的研究,主要分析方法有形式语言、有限状态自动机模型和 Petri 网方法;

(2) 代数层次的研究,主要分析方法包括极大极小代数法和有限递推过程;

(3) 随机性能层次的研究,主要分析方法包括排队网络模型、扰动分析法、广义半 Markov(GSMP)模型和计算机仿真方法. 从面向应用的角度看,随机性能层次的研究是生产实践中需要解决的关键问题.

其中,随机性能层次的研究,也即性能评估问题是书中研究的重点.

1.2 计算机仿真在 DEDS 研究中的地位和作用

与连续变量动态系统相比,DEDS 研究中的一个根本性的难题在于目前还没有简单且易于求解的数学模型. 从定量分析、计算的角度看,正如 DEDS 创始人何毓琦教授在论文 *Dynamics of discrete event systems*[8]中指出的:用纯数学模型和方法研究 DEDS 存在以下几个方面的困难:

(1) 离散事件的不连续本质. DEDS 的状态有着固有的离散性. 采用连续近似的手段,在某些特定的情况下,虽然有可能对系统作出成功的分析,但无论如何也不可能避开问题的离散实质.

(2) 大多数性能测度的连续本质. 尽管 DEDS 的本质是离散的,但反映系统性能测度的绝大多数参数,都是根据连续变量来定义的,如排队系统中的平均队长、等待时间,库存系统中的收益、存货,系统可靠性研究中的可靠度函数、平均首次失效时间等. 另外,系统演化中的"时间"也是一个连续变量.

(3) 概率化的基本性. 在 DEDS 的不少背景系统中,均存在一些不确定因素,因此在性能评估中必须考虑随机因素的影响.

(4) 动力学特性的不可避免性. 在对系统进行性能评估时,除了稳态性能测度,很多时候需要关心系统的瞬态性能测度,这一点在系统可靠性评估中表现的尤为明显. 目前在 DEDS 的性能分析中,一些分析工具如排队网络,在稳态假设下,有时能得到一些易于计算的结果,但对暂态性能测度往往无能为力.

(5) 计算的可行性. 对大多数的 DEDS,系统的状态变量的数目,都存在一个组合爆炸问题. 按照目前的建模分析方法,哪怕是对一些中小规模的系统,状态变量的数目也可能达到天文数字，即便理论上能罗列出所有的状态组合，用解析方法计算也需要求解一个方程数目庞大的常微分方程组，内存占用和计算时间即使是现今最快的计算机也无能为力．

由于上述原因，到目前为止，计算机仿真仍是 DEDS 定量分析、评估和优化的主要手段，很多时候甚至是唯一可行的手段．仿真是一种面向过程并建立在随机试验基础上的研究方法．该方法以计算机和仿真程序为工具，通过模拟系统的演化过程，在此基础上得到系统的样本性能测度的多个观察值，并最终由统计推断获得系统性能测度的估计．和纯数学方法相比，仿真方法具有一些固有的优点．首先，所研究系统(模型)内部的逻辑关系、约束和规则可以任意的复杂；其次，仿真方法仅需对系统(模型)作少量的抽象和假设；再次，仿真模型是一种面向过程的描述模型，这种描述可以是数学描述、图形描述甚至语言描述，它与所研究系统的动态演化过程具有形式上和逻辑上的对应性，避免了建立抽象数学模型的困难，显著简化了建模过程，易于被研究人员掌握；最后一点，也是至关重要的一点是，仿真方法从根本上避免了离散状态组合爆炸的问题，原则上可以适用于任意规模的系统．

图 1-1 给出了随机 DEDS 仿真的一般过程．主要包括三个部分：首先是对系统进行一定的抽象，建立面向过程的描述模型并抽象出反映系统动态性的基本概率模型，如排队系统中顾客到达时间和服务时间的分布、可靠性仿真中各单元的寿命分布；其次是将描述模型转化为易于用计算机描述的数据结构，并根据所评估的问题构建相应的估计器；最后是编写仿真程序，获取系统的样本性能测度，由统计学方法求出系统性能测度的估计及其置信区间，并对仿真精度进行分析．

随着 DEDS 仿真应用面的扩展以及和其他学科的交叉，DEDS 仿真理论与方法本身也逐渐形成了一些专门的研究热点问题．例如，DEDS 仿真机制的研究、仿真输入/输出数据的统计分析、面向对象和智能仿真系统的研究、高效率仿真算法研究、仿真优化理论、并行和分布式仿真系统的研究、可视化和虚拟现实仿真研究等．本书主要着眼于 DEDS 性能评估和灵敏度估计中的高效率仿真算法研究．

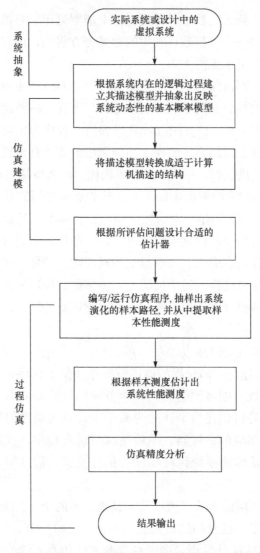

图 1-1　随机离散事件动态系统仿真的一般过程

1.3　高效率仿真在 DEDS 性能评估中的价值

　　对实际或设计系统进行性能评估和分析是 DEDS 应用中需要解决的关键问题. 由于 DEDS 系统的复杂性, 仿真是解决这类问题的主要手段, 然而 DEDS 仿真从根本上说是一种随机试验的方法, 为了获得系统性能测度的准确估计, 通常需要进行大量次数的仿真以获取足够多的样本性能测度观察值. 以均值估计器为例,记所估计的系统性能测度为 μ，样本性能测度为 x，满足 $E[x]=\mu$，并假定 $Var[x]=\sigma^2$，设 N 次仿真得到的样本性能测度为 $x_1, x_2, \cdots, x_N$. 以样本均值 $\bar{x}_N = \sum_{i=1}^{N} x_i / N$ 作为 μ 的估计，由大数定理知，当 $N \to \infty$ 时，$\bar{x}_N$ 依概率收敛于 μ. 对给定的 N，估计量的相对误差(变异系数)为

$$R_e = \frac{\sqrt{Var(\bar{x}_N)}}{E[\bar{x}_N]} = \frac{\sigma}{\mu\sqrt{N}} \approx \frac{S_N}{\bar{x}_N \sqrt{N}} \tag{1-1}$$

其中 S_N 为样本标准差.

从(1-1)式可看出，Monte Carlo 方法的估计精度按仿真次数 N 的平方根收敛，即 $o(1/\sqrt{N})$. 对给定的估计器，要使估计精度的有效数字提高 1 位，仿真工作量必须增加 100 倍. 对一些复杂的评估问题，如果估计器构造得不合适，σ/μ 比较大，那么按这样的收敛速度达到可信的评估精度，即使是性能卓越的计算机也可能无法承受. 而且即便是计算时间能够忍受，也还存在其他方面的约束，例如，目前仿真所采用的随机数发生器都存在一个周期限制，通常当仿真所用的随机数的个数接近发生器的周期时，会对评估结果产生严重的歪曲[2-5].

由于上述原因，高效率仿真算法长期以来一直是研究人员关注的一个热点问题，在每年的 *Winter Simulation Conference*，*Operation Research*，*Management Science*，*ACM Trans. On Modeling & Computer Simulation*，*IEEE Trans. on Auto. Control*，*IEEE Trans. on Communication System*，*IEEE Trans. on Reliability* 等著名期刊上均有大量的文献讨论与此相关的问题. 近年来，随着仿真技术在 DEDS 性能评估中的广泛应用，一些新问题的出现引起了研究人员对高效率仿真的极大兴趣. 这些问题对传统的仿真方法构成了严重的挑战，并且随着社会的发展和科技的进步，它们逐步成为相关研究人员今后不得不大量面对的问题，解决这些问题需要在高效率仿真算法上取得突破. 这些问题包括：

• **系统性能测度参数灵敏度估计**

系统性能测度参数灵敏度估计在系统的设计、优化和反映系统结构特征方面具有极为重要的价值. 随着 DEDS 理论和仿真技术的形成和不断发展，自 20 世纪 80 年代后期以来，系统性能测度参数灵敏度估计成为性能评估问题中的一个新的研究热点，但参数灵敏度的一致、通用、高效估计算法至今仍未得到彻底解决.

用仿真方法进行参数灵敏度估计的一个根本困难，在于传统的差分法估计灵敏度的效率非常低. 所谓差分法是指对系统参数进行扰动，分别求出系统在名义样本路径和扰动样本路径下的性能测度，然后通过差分估计系统测度对该参数的偏导数. 华裔学者曹希仁[121]已证明：如果扰动样本路径和名义样本路径采用公共随机数流，当且仅当 $N \cdot \Delta\theta \to \infty$ 时，差分方法才可能得到灵敏度的精确估计，如

果不采用公共随机数流则需要 $N\cdot(\Delta\theta)^2\to\infty$. 此外,当 θ 为向量时,对每个分量都要重复上述差分步骤,工作量十分巨大.

正由于上述原因,高效率的参数灵敏度估计算法受到了极大的关注,自 20 世纪 80 年代以来先后提出了以扰动分析(PA)和似然比(LR)方法为代表的一系列方法,这些方法的共同特征是根据对系统的先验知识直接从样本路径中提取有用的信息用于参数灵敏度估计而不实际构造扰动样本路径,从而避免了差分法仿真效率低下的问题. 到目前为止,参数灵敏度估计虽然已取得了一些重要的进展[108-120],但与一致、通用、高效的标准相比还有相当的距离.

- 基于仿真的优化问题

基于仿真的优化问题是 DEDS 性能评估问题的自然扩展,也是 DEDS 仿真的一个重要的应用层面. 由于缺乏连续变量系统那种优雅的数学结构,求解 DEDS 优化问题非常困难. 其中根本性的困难在于,用仿真方法评估给定参数节点上的性能测度和灵敏度信息工作量已经不小,要在此基础上求解优化问题,仿真工作量往往非常巨大. 目前仿真优化方法主要有直接搜索法、有限方案选优法、响应曲面法和随机逼近法[2,5]. 对于某些特殊的优化问题,已提出了一些有效的方法可显著降低仿真工作量. 例如,对于从若干个设计方案中挑选最优或足够优的方案,利用序优化方法可以从很大程度上降低仿真工作量[14,15]. 但是所有这些方法,仍然是建立在给定参数节点上的性能测度或灵敏度估计的基础上. 因此要想提高仿真优化的效率,除了在仿真优化思想和方法上寻找新突破外,提高单个节点的评估效率依然是解决问题的关键.

- 小概率事件系统仿真

小概率事件系统仿真是 20 世纪 90 年代中后期兴起的一个新的研究热点[77-106]. 所谓小概率事件系统仿真是指所评估的系统测度与某个发生概率很小的目标事件有关. 小概率事件系统仿真的研究,与航天技术、核工程、通讯以及电力系统等技术领域中对设备极高的技术要求有直接的关系. 例如,航天工程和核工程中的许多部件或分系统的不可靠度要求小于 10^{-6},新一代 ATM 交换机的信元丢失概率约为 $10^{-9}-10^{-6}$. 这一类设备(系统)具有小概率、高风险并存的特点,虽然可靠性很高,然而一旦失效就可能造成严重的后果,因此对这类的准确评估具有十分重要的价值. 然而对于这一类的评估问题,理论上已经证明当目标事件出现的概率趋于 0 时,为了获得可靠的评估结果,常规仿真的次数将趋于无穷,即使是最快的计算机也难以承受[77,83,86,93]. 此外,常规仿真方法评估小概率事件系统还存在一个随机数发生器的周期约束问题,当仿真所需要的随机数目超出或接近发生器的周期时,会对评估结果造成严重的歪曲.

1.4 DEDS 的研究现状和研究手段

1.4.1 提高仿真效率的主要手段

如图 1-2 所示,对随机 DEDS 仿真,提高仿真效率目前主要从三个层次着手.其一,提高随机变量的生成效率.随机变量的计算机生成技术是随机系统仿真的基础.随机数产生的效率提高了,仿真的效率自然也就相应提高.这种做法的适用性强,但仿真效率的提高极为有限.其二,提高样本路径的抽样效率,以加快样本性能测度的产生速度,从而提高整个仿真的效率,这种做法的仿真效率优于第一种方法,适用性也较强,但实现起来难度较大.其三,构造方差小的估计器.(1-1)式表明,当 σ 较小时,同样的仿真次数下可以得到更高的估计精度.构造小方差估计器常用的手段是引入方差衰减技术.围绕上述三个层面,图 1-3 给出了当前提高仿真效率的主要手段.

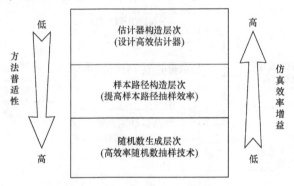

图 1-2 提高仿真效率的主要层面

(1) 采用高性能的随机数发生器和随机变量生成技术[19-46]. 近年来陆续出现了若干种优秀的 $U(0,1)$ 均匀分布随机数发生器,例如,L'Ecuyer 提出的组合式 MRG 发生器[22,23]、组合式 Tausworthe 发生器[24],Marsaglia 等[26]提出的 MWC 随机数发生器,Matsumoto 等[31,32]提出的 Twisted GFSR 发生器都可轻易达到 10^{50} 以上的周期,并具有很好的统计性能和较高的生成效率. 在随机变量生成技术上近年来也提出了一些新的思路,如 Devroye, Gilks, Hormann 等提出的概率密度函数凹变换法[37-45].

(2) 采用并行和分布式仿真技术[16-18]. 由于随机系统的性能评估就建立在大量、重复仿真的基础上,很适合采用并行和分布式仿真技术. 然而,这种手段本质上属于硬(蛮力)仿真的范畴,在仿真方法上和单机仿真方法并无根本上的不同.

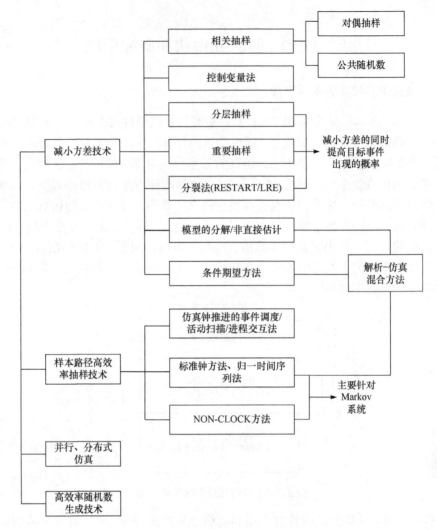

图 1-3 提高仿真效率的主要手段

并行和分布式仿真特有的一个问题是，对每个处理器所采用的随机数流必须很小心地划分，以避免相互重叠，造成样本性能测度之间相关，进而影响到评估结果的可靠性. 一般来说，由于体系结构方面的限制，仿真效率增加的倍数要小于并行处理器的个数.

(3) 采用高效率样本路径抽样算法[52-60]. 样本路径的抽样是 DEDS 仿真的一个主要工作. 实际上，狭义的 DEDS 仿真通常就是指抽样出系统演化过程的样本路径. 提高样本路径的抽样效率的一个核心问题是仿真钟的推进机制. 当前常用的仿真钟推进机制包括：事件调度法、活动扫描法和进程交互法[2,3]. 这些方法的基本特点是最大限度地利用了 DEDS 的状态仅在事件发生时才发生改变的特性，当前一事件发生并处理完毕后，直接将仿真钟推进到下一事件发生的时刻上. 需要特别指出的是，对随机 DEDS 仿真，上述三种方法的差别很小，这是因为随机系统在同一时刻同时发生多起事件的概率极小，仿真钟基本上只能逐次事件推进. 当系统比较复杂时，上述仿真钟推进机制通常涉及繁琐的事件表维护，使得仿真程序的编写变得很困难，严重影响到仿真的效率. 为此，一些学者针对某些特定问题研究了样本路径的高效率仿真问题，并在应用广泛的 Markov 型 DEDS 上取得了较大的进展，其中 Vakili[54] 提出的标准钟方法和文献 [58] 提出的 NON-CLOCK 方法不但有效地提高样本路径的抽样效率，同时还在很大程度上降低了编程的复杂性.

(4) 构造小方差估计器. 构造小方差估计器的一个最常用的手段是采用减小方差技巧[2,74-106]，这是研究得最多的一类提高仿真效率的方法，每年有大量的相关文献出现. 图 1-3 给出了主要的几种减小方差技巧. 除了对偶抽样和公共随机数方法比较容易实现外，其他几种方法均需要对系统的先验知识有一定的了解，应用起来有一定的难度，但所取得的减小方差效果也更好. 文献[2],[74]—[76]给出了诸如相关抽样、控制变量方法、条件期望法、非直接估计法、分层抽样法等典型减小方差技巧的详细描述. 近年来，随着小概率事件仿真的兴起，重要抽样方法[79]和重要分裂法(RESTART)[77]成为减小方差技巧研究中的热点. 在应用得当的前提下，这两类方法不但能有效地减小估计量的方差，还能促使目标事件尽快出现，缩短了演化过程，相当于提高了样本路径的抽样效率. 目前这两类方法还存在一些根本性的问题未得到解决，前者主要是变概率测度问题，后者则是重要度函数的选择和仿真过程的阶段划分问题.

1.4.2 灵敏度估计的高效率仿真

系统性能测度的参数灵敏度估计是一类特殊的性能评估问题，在系统的设计、优化和反映系统结构特征方面有着重要的价值. 1.2.1 节提及的各种提高仿真效率的手段对灵敏度估计同样适用，但后者又有其特殊之处. 这种特殊性主要表现在估计器构造的层面上. 对于一般的性能评估问题，估计器的构造通常是以自然、直观的形式呈现的，估计器直接为仿真样本的概率特征量. 但对灵敏度估计问题、何为灵敏度样本，以及如何从样本路径中提取出灵敏度样本，却是令人困惑、棘手甚至是有争议的问题，这直接造成了灵敏度估计器构造方面的困难，一致、通用、高效的灵敏度估计器至今仍未得到彻底解决.

图 1-4 给出了性能测度参数灵敏度估计的几种常用的手段. 对于非 Markov 系统常用的灵敏度估计算法可大致分为三类[2,124,125]：差分类方法、扰动分析类方法

和似然比方法，但这几种方法均无法兼顾通用、一致和高效三方面的要求. 对于 Markov 系统，扰动实现+性能势方法以及 SPA-LR 估计器是目前比较成功的方法，较好地兼顾了上述三个方面的要求.

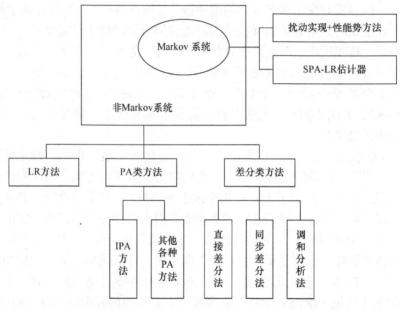

图 1-4 参数灵敏度估计的主要手段

差分类方法包括简单差分法、同步差分法和调和分析法 (L'Ecuyer[124], Arsham[125]). 差分类方法的共同特征是需要产生扰动样本路径，这类方法具有数学概念简单、清晰的优点，其主要缺点是估计效率低、仿真工作量大、估计结果通常有偏而且包含较多的噪声 (曹[121] 及 1.1.3 节).

和差分法不同，扰动分析类方法(PA)和似然比方法(LR) 并不实际构造扰动样本路径，而是直接从样本路径中提取特征信息用于参数灵敏度估计. 从统计学的角度看，由这两类方法得到的估计公式，可谓名副其实的灵敏度估计器. 虽然有这些相似之处，但 PA 方法和 LR 方法考虑问题的出发点却有很大的不同.

PA 类方法是以何[108]提出的无穷小扰动分析法(IPA)为基础的一系列方法的总称. IPA 方法的基本出发点是在所谓确定性相似的前提下[1,108,110]，考虑参数的变动对样本性能测度的影响. 在可适用的情况下，IPA 方法具有很高的估计效率，但确定性相似的前提使得该方法的适用面较小. 为了提高 IPA 方法的适用范围，一些学者在 IPA 的基础上构造了一系列的 PA 类方法[108,112,114,126]，这些方法在不同程度上拓展了 IPA 方法的应用范围，但同时也失去了 IPA 估计器的简洁性、易用性，估计过程和计算公式往往变得晦涩难懂. 适用面窄和估计器缺乏简明的形式是 PA 类方法存在的主要问题(曹[117]).

LR 方法是 Reiman 和 Weiss[109]提出的灵敏度估计思路, 该方法着重从参数的变动如何引起演化过程概率测度的变化这个角度来分析参数灵敏度. 简单地说就是, 系统参数的微小变化将导致系统演化过程的样本路径发生改变, 而后者又会导致样本性能测度发生改变. 在 LR 方法中从样本路径中提取的灵敏度估计特征量通常被称为得分函数, 因此亦有文献称 LR 方法为得分函数法[125]. LR 方法的适用范围较 PA 类方法宽, 但二者并不能相互覆盖, 在均可适用的情况下, LR 方法的估计效率不如 PA 类方法. LR 方法的主要问题是估计方差随着仿真长度的增加而显著增大[124,125], 处理好该问题是 LR 方法应用的关键.

近年来在构造一致、通用、高效的灵敏度估计器方面的一个较大的突破是 Markov 系统的参数灵敏度估计[113-120]. 其中一个比较成功的方法是曹[117]提出的基于扰动实现和性能势的方法, 该方法较好地解决了 Markov 系统稳态性能测度参数灵敏度评估问题. 另一个比较成功的方法是文献[119]提出的 SPA-LR 估计器. 该估计器的特点是充分利用了对 Markov 系统的先验知识, 将其中的确定性相似部分用光滑扰动分析法(SPA)估计, 而事件序列扰动产生的影响则用 LR 方法估计, 因而较好地兼顾了通用、一致和效率方面的问题, 并具有数学描述简单、编程实现容易的优点. 本书第 6 章对文献[119], [120]的工作进行了扩充, 在 SPA-LR 估计器的数学模型、仿真流程、估计量的提取、性能测度高阶灵敏度估计以及提高 SPA-LR 估计器效率几个方面展开了详细的讨论.

关于灵敏度估计, 有一点必须指出的是从信息论的角度分析, 性能测度的灵敏度的估计要比性能测度本身(可视为零阶灵敏度)更为困难, 估计结果的收敛过程也更慢. 因此对于灵敏度估计而言, 在现有估计器的基础上适当地结合减小方差技术是必要的.

第 2 章 随机变量的高效率抽样技术

随机变量的计算机生成(抽样)技术是随机系统仿真的基础，其中 $U(0,1)$ 均匀分布随机数是产生其他随机变量的基础，故也称为随机数发生器. 一个品质优良的随机数发生器应当具备以下几个特征[2,5,19,20]：

(1) 生成的随机数样本在高维统计特性上仍具有 $U(0,1)$ 分布的性质；
(2) 生成的随机数流要具有足够长的周期，以满足大规模仿真计算的需要；
(3) 生成随机数流的速度快、效率高，占用的内存少；
(4) 具有完全可重复性，以便于对仿真程序和结果进行检验；
(5) 可移植性好，适用于各种软、硬件平台的计算机.

多年来，许多学者致力于研究同时具备上述特征的随机数发生器，有关这方面的历史回顾可参阅 Law[2]和 P. L'Ecuyer[19]的著作. 随着仿真问题的日益复杂化，简单的 LCG 发生器已经难以满足要求. 近年来，在构造统计性能优异的长周期、高效率发生器方面取得了一些令人振奋的进展，涌现出许多号称性能优异的长周期随机数发生器. 本章并不打算对这些新型发生器作全面系统的介绍，只重点介绍其中的组合式乘同余发生器(P. L'Ecuyer[21-23])和组合式 Tausworthe 发生器(P. L'Ecuyer[24])，这样做有两个考虑，首先是这类发生器继承了常规 LCG 或 Tausworth 类发生器计算简单、效率高的优点，同时又具有长周期和优良的统计特性，比较适合于随机离散事件系统的仿真；另外一个考虑是，这类发生器要比其他的新型发生器得到更为广泛的应用，作为使用者，采用那些经过严格测试和相对而言广为人知的发生器，是一个审慎而明智的选择.

本章的另一个主要内容是建立在 $U(0,1)$ 发生器基础上的随机变量的生成(抽样)技术. 一般来说，对抽样算法的总体要求是精确、高效和易于程序实现. 逆变换法、取舍法、组合法和函数变换法是随机变量精确抽样常用的几种手段[2]. 对许多复杂的分布，取舍法往往是唯一可行的方法. 取舍法的根本困难在于构造合适的覆盖函数，而这一点往往过于依赖算法设计者的智慧和想象力. 由 Kinderman 等[34-36]提出的比值法(Ratio-of-Uniforms Method)，以及近年来由 Devroye[37]，Gilks[38]，Hörmann[39]等提出的概率密度函数凹变换法(Transformed Density Rejection Method)是解决上述难题的比较好的手段. 这两种方法本质上是两类具体化了的取舍法，均具有适应性广、通用性强，易于程序实现的特点，而且结合一些简单的技巧，可用适度规模的程序代码实现高效率抽样[35-45]. 对那些没有现成的抽样算法可用的随机分布,上述两种方法是解决问题的关键.

本章最后讨论了取中分布(Truncated Distribution)和剩余分布(截尾分布)抽样问题,它们是随机变量抽样的特殊形式,通常应用于提高仿真效率的分层抽样技巧,但在现有文献中鲜有专门的介绍. 近年来由于对武器装备剩余寿命预测的重视,剩余寿命抽样技术受到相关研究人员的重视. 该问题以前一直未得到很好解决,其中主要的难题是随着累积使用寿命的增加,现有方法的抽样效率很低,甚至趋于 0 (见文献[47-50]). 本章对取中分布和剩余分布抽样问题给出了一套比较完善的解决方案,较好地解决了抽样效率低下的问题.

2.1 $U(0,1)$均匀分布随机数发生器

2.1.1 基本构造形式

随机数发生器最常见、应用最广泛的构造形式是线性递归乘同余发生器(MRG),它的基本形式如下:

$$\begin{cases} x_n = (a_1 x_{n-1} + \cdots + a_k x_{n-k}) \bmod m \\ u_n = x_n / m \end{cases} \quad (2\text{-}1)$$

式中,m 为素数模,阶数 k 为正整数,系数 $a_i \in \{0,1,\cdots,m-1\}$,$s_n = (x_{n-k+1},\cdots,x_n)$ 为发生器的状态量,只要给出初始状态(通常称为"种子"),即可递推出一系列的伪随机数. 通过合理的选择素数模 m 和系数 a_i,随机数发生器可实现最大周期 $\rho = m^k - 1$,相关的讨论可参阅文献[22].

最常用的线性递归同余发生器是一阶线性乘同余发生器(LCG):

$$\begin{cases} x_n = a x_{n-1} \bmod m \\ u_n = x_n / m \end{cases} \quad (2\text{-}2)$$

最常用的参数包括:$a = 16807$,$m = 2^{31} - 1$,以及 $a = 630360016$,$m = 2^{31} - 1$,它们的周期均为 $m = 2^{31} - 2$. 这两种 LCG 发生器不但结构简洁而且均具有较好的统计特性,被广泛应用于各种流行的仿真软件包中.

线性递归同余类发生器的一个扩展是带商(Carry)的乘同余发生器,其基本形式如下[25,26]:

$$\begin{cases} x_n = (a_1 x_{n-1} + \cdots + a_k x_{n-k} + c_{n-1}) \bmod b \\ c_n = (a_1 x_{n-1} + \cdots + a_k x_{n-k} + c_{n-1}) \operatorname{div} b \\ u_n = x_n / b \end{cases} \quad (2\text{-}3)$$

式中 b 不再是素数模,而是 2 的幂次方的正整数. c_n 称为商. 这一类发生器被称

为 MWC(Multiply-with-Carry)发生器，和常规 MRG 发生器相比，MWC 具有更长的周期和潜在的优良统计特性，详细的讨论可参阅文献[25], [26].

随机数发生器的另一类构造形式是所谓的 Tausworthe 发生器，由 Tausworthe 在 1965 年提出. 其构造如下[2]：按照下述递推公式定义一个二进制序列 $b_1, b_2, \cdots$,

$$b_i = (c_1 b_{i-1} + c_2 b_{i-2} + \cdots + c_q b_{i-k}) \bmod 2 \tag{2-4}$$

其中，k 为给定的正整数，系数 c_i 为 0 或 1 的常数.

$$P(z) = z^k - c_1 z^{k-1} - \cdots - c_k \tag{2-5}$$

称为 Tausworthe 发生器的特征多项式. 当且仅当 $P(z)$ 为质多项式时，二进制序列的周期为 $2^k - 1$.

截取二进制序列 $\{b_i\}$ 中的连续 L 位构成一个 L 位整数，归一化后即得到 $U(0,1)$ 随机数，即

$$u_n = \sum_{j=1}^{L} b_{ns+j-1} 2^{-j} \tag{2-6}$$

其中 s, L 为正整数，s 称为步长，L 通常取为计算机的字长. Tausworthe 曾证明在 s 和 $2^k - 1$ 互质的条件下，随机数发生器可实现满周期 $2^k - 1$.

在具体实现上，为了提高发生器的效率，通常将(2-6)式改用高效率的"异或"运算符 $\oplus$ 实现：

$$b_i = c_1 b_{i-1} \oplus c_2 b_{i-2} \oplus \cdots \oplus c_q b_{i-k} \tag{2-7}$$

许多实际应用的 Tausworthe 发生器，系数 c_i 仅有两个不为 0，即

$$b_i = b_{i-r} \oplus b_{i-k}, \quad 0 < r < k \tag{2-8}$$

例如，Visual Numerical 公司的 IMSL 统计库采用的参数为 $r = 96$，$k = 1563$.

Tausworthe 发生器可通过位运算和寄存器移位运算，对它进行高效率的实现，因此，一些文献将其称为线性寄存器移位发生器(LFSR)或广义寄存器移位发生器(GFSR). Tausworthe 发生器的另一个优点是它很容易产生周期超长的伪随机数序列. 由于上述原因，Tausworthe 发生器在一些仿真软件包中得到广泛的应用，如 GPSS. 但对 Tausworthe 发生器也存在一些争议，这方面的讨论详见 Law & Kelton[2].

在 GSFR 发生器的基础上，将式中的"异或"运算符 $\oplus$ 用其他的算术或逻辑运算符，如"+"代替，即得到所谓的 Lagged-Fibonacci 发生器，典型的加法形式 Lagged-Fibonacci 发生器如下：

$$x_n = (x_{n-r} + x_{n-k}) \bmod m \tag{2-9}$$

其中 $m = 2^L$. Marsaglia 等在加法 Lagged-Fibonacci 发生器基础上，进一步提出了

AWC(Add-with-Carry)和 SWB(Subtract-with-Borrow)发生器[29]. 这两种扩展可极大地提高随机数发生器的周期，然而 L'Ecuyer 指出[30], Lagged-Fibonacci 发生器以及 AWC/SWB 发生器均存在一些统计结构上的缺陷.

对 GSFR 发生器一个比较好的改进方案是东京大学的 Matsumoto 等提出的 twisted GFSR 发生器，该发生器保持了 GSFR 生成效率高的优点，同时将发生器的周期由 $2^k - 1$ 提高到 $2^{kL} - 1$，详细的讨论见文献[31], [32].

2.1.2 组合式随机数发生器

一般来说，单一结构的随机数发生器要同时满足长周期和优良的统计特性是非常困难的，解决上述问题的思路是采用若干简单的单一结构的随机数构造一个组合式随机数发生器. 早期的组合式通常采用所谓"洗牌策略"，即采用第二个发生器"搅乱"第一个发生器，这种做法类似于扑克牌的洗牌. 20 世纪 90 年代，以加拿大学者 L'Ecuyer 等为代表的学者提出了一系列公式化的组合式发生器，这种处理方法便于理论分析，通过精心地选择参数，可以构造出性能优异的随机数发生器.

1. 组合式乘同余发生器

组合式乘同余随机数发生器是由若干个简单的乘同余发生器，按照一定的算法构造出的随机数发生器. P.L'Ecuyer 给出的组合方案如下[23]：

设 $\{Z_{1i}\}, \{Z_{2i}\}, \cdots, \{Z_{Ji}\}$ 为 J 个乘同余发生器得到的随机数流，组合式乘同余的基本构造形式如下：

$$\begin{cases} Y_i = (a_1 Z_{1,i} + \cdots + a_J Z_{J,i}) \bmod m \\ u_i = Y_i / m \end{cases} \quad (2\text{-}10)$$

其中 m 为素数模，$a_i \in \{1, 2, \cdots, m-1\}$.

通过精心的挑选 $\{Z_{1i}\}, \{Z_{2i}\}, \cdots, \{Z_{Ji}\}$ 以及参数 m 和 a_i，可使构造出的随机数发生器具有超长的周期和非常优秀的统计特性.

在文献[21]中，P.L'Ecuyer 给出了利用两个乘同余发生器构造组合式发生器的公式(以下称为 CMRG1)：

$$\begin{cases} Z_{1,i} = (40014 Z_{1,i-1}) \bmod (2147483563) \\ Z_{2,i} = (40692 Z_{2,i-1}) \bmod (2147483399) \\ Z_i = (Z_{1,i} - Z_{2,i}) \bmod (2147483563) \\ u_i = \dfrac{Z_i}{2147483563} \end{cases} \quad (2\text{-}11)$$

该随机数发生器的周期高达 10^{18}，是普通的 LCG 或 MRG 发生器的 20 亿倍，

Numerical Recipies 一书的作者 W.H.Press 及 S.A.Teukolsky 对上述发生器进行了轻微的修改，加入了洗牌策略。W.H.Press 及 S.A.Teukolsky 专门在《计算物理杂志》撰文[33]，指出该发生器具有很好的统计特性，愿意就此打赌 1000 美元。该发生器已被 Compac Visual Fortran V6.5 数值计算软件及其后续版本采纳为标准的随机数发生器。

在 1996~1999 年期间，L'Ecuyer[22,23]对组合式乘同余发生器的最佳参数选择问题进行了系统的研究，并构造除了若干性能优异的超长周期组合式发生器。其中一个非常优秀的组合式发生器的构造公式如下(以下称为 CMRG2)：

$$\begin{cases} Z_{1,i} = (1,403,580 Z_{1,i-1} - 810,728 Z_{1,i-3}) \bmod (2^{32} - 209) \\ Z_{2,i} = (527,612 Z_{2,i-1} - 1,370,589 Z_{2,i-3}) \bmod (2^{32} - 22,853) \\ Y_i = (Z_{1,i} - Z_{2,i}) \bmod (2^{32} - 209) \\ u_i = \dfrac{Y_i}{2^{32} - 209} \end{cases} \quad (2\text{-}12)$$

该发生器的周期高达 2^{191}(约为 3.1×10^{57})，足以满足任何超大规模仿真的需要。该随机数发生器通过了所有的性能检验，甚至在 32 维的条件下仍能保持优异的统计性能。该发生器被收录于 Law& Kelton 第 3 版的《仿真建模与分析》[2]中，并提供了源程序。

2. 组合式 Tausworthe 发生器

组合式 Tausworthe 发生器的构造思路和组合式乘同余发生器类似，也是由若干简单的 Tausworthe 发生器按照一定的规则构造出的随机数发生器。

设 $\{b_{1i}\},\{b_{2i}\},\cdots,\{b_{Ji}\}$ 为 J 个 Tausworthe 发生器得到的二进制序列。对这 J 个发生器的基本要求是周期互质，以及特征多项式互质。组合式乘同余的基本构造形式如下[24]：

$$\begin{cases} x_i = (b_{1,i} + \cdots + b_{J,i}) \bmod 2 \\ u_i = \sum_{i=1}^{L} x_{ns+i-1} 2^{-i} \end{cases} \quad (2\text{-}13)$$

其中，s，L 为正整数，L 通常取为计算机字长。

通过精心的挑选用于组合的基础 Tausworthe 发生器 $\{b_{1i}\},\{b_{2i}\},\cdots,\{b_{Ji}\}$，可使构造出的随机数发生器具有超长的周期和优良的性能。在文献[24]中，L'Ecuyer 给出了利用三个基础 Tausworthe 发生器构造组合式发生器的方案，并提供了 C 代码源程序(以下称为 CTRG1)：

```
unsigned long s1, s2, s3, b;
double taus88 ()
{ /* Generates numbers between 0 and 1. */
b = (((s1 << 13) ^ s1) >> 19);
s1 = (((s1 & 4294967294) << 12) ^ b);
b = (((s2 << 2) ^ s2) >> 25);
s2 = (((s2 & 4294967288) << 4) ^ b);
b = (((s3 << 3) ^ s3) >> 11);
s3 = (((s3 & 4294967280) << 17) ^ b);
return (s1 ^ s2 ^ s3) * 2.3283064365e-10);
}
```

该发生器的周期高达 $2^{88} \approx 10^{26}$.

2.1.3 随机数发生器的检验

由随机数发生器生成的"随机数"是按照既定迭代算法产生的伪随机数,并非真正意义上的随机数,因此确保该随机数发生器在统计意义上具有 $U(0,1)$ 分布的特征至关重要. 随机数发生器的检验一般有两种不同的方法:经验检验和理论检验[2,19,27].

经验检验用统计学的方法检验随机数发生器是否在统计学意义上与 $U(0,1)$ 分布相符, 即构造一定的 $U(0,1)$ 统计量, 通过检验随机数发生器产生的随机数样本 $\{u_i\}$ 是否服从该统计量的性质来评估发生器的优劣. 目前检验算法有数十种之多, 主要可分为三类:参数检验、均匀性检验和独立性检验. 有关统计检验算法的介绍可参阅 Law[2], L'Ecuyer[27], Knuth[28]等的著作.

需要说明的是, 作为仿真基础的随机数发生器的检验, 重点应放在防止第二类错误上, 即宁可错误地拒绝一个可能满足要求的发生器, 也不轻易接受一个具有潜在缺陷的发生器. 为了遏制第二类错误出现, 应遵循的一个基本原则是大样本、高检验水平. 建议用于检验的随机数样本量大于 10^5, 检验水平 α 一般取 0.05 或 0.1.

表2-1给出了2.1.2节中提到的3种组合式发生器的几种常规统计检验的结果. 其中, K-S 检验是 Kolmogorov-Smirnov 的简称.

表 2-1 三种组合式随机数发生器的统计检验结果

发生器\检验算法	参数	χ^2 检验	2维 χ^2	K-S	相关性	游程
CMRG1	通过	通过	通过	通过	通过	通过
CMRG2	通过	通过	通过	通过	通过	通过
CTRG1	通过	通过	通过	通过	通过	通过

理论检验通过分析随机数发生器的构造参数来评估该发生器的性能,并不产生任何随机数样本. 理论检验中几个比较主要的检验包括"格子"(Lattices)检验、分布均匀性检验(Equidistribution)和"差异性"(Discrepancy)检验[2,19,27]. 理论检验的一个主要的优点是可以分析随机数发生器的总体特征,尤其是高维条件下分布的均匀性,这一点用仿真方法很难进行评估. 理论检验在随机数发生器的设计上至关重要,2.1.2节中给出的三个组合式发生器系数的选取,正是基于理论检验的指导原则而给出,有关理论检验的相关讨论可参阅文献[19], [27], [30].

2.2 随机变量的精确抽样技术

2.2.1 反变换法

设随机变量 X 的分布函数为 $F(x)$,则可通过下述流程产生服从给定分布的随机数:

Step 1. 产生 $u \sim U(0,1)$

Step 2. 求出 $x = F^{-1}(u)$,x 即为满足给定分布的随机变量

反变换法正确性的证明见文献[2]-[5].

例 2-1 指数分布 $F(x) = 1 - \exp(-\lambda x)$,可得抽样公式

$$x = -(1/\lambda)\ln(1-u) \tag{2-14}$$

注意到 u 和 $1-u$ 均服从 $U(0,1)$ 分布,上式还可写成

$$x = -(1/\lambda)\ln(u) \tag{2-15}$$

反变换法要求 $F^{-1}(u)$ 显式存在,如果 $F^{-1}(u)$ 不能显式存在,用反变换法生成随机变量非常困难. 反变换法亦可用于离散型随机变量,设离散型随机变量的分布函数为 $F(x_k) = \sum_{i=0}^{k} P(x_i)$,$x_i \in \{x_0, \cdots, x_n\}$ 则反变换法的一般流程为

Step 1. 产生 $u \sim U(0,1)$

Step 2. 返回 x_k,当且仅当 $\sum_{i=0}^{k-1} p(x_i) \leq u < \sum_{i=0}^{k} p(x_i)$

当 $n \to \infty$,且概率分布比较平坦时,采用上述流程效率很低. 若分布函数具有封闭形式,则可以采用"连续化方案"进行处理,以几何分布 $p(x) = p(1-p)^x$,$x \in \{0,1,2,\cdots\}$ 为例,其分布函数具有下述封闭形式:

$$F(x) = 1 - (1-p)^{\lfloor x \rfloor + 1}, \quad x \geq 0$$

将上式中的 $\lfloor x \rfloor$ 换成 x,再用反变换法抽样出 x,最后返回 $\lfloor x \rfloor$ 即可. 具体流程如

下：

Step 1. 产生 $u \sim U(0,1)$

Step 2. 返回 $x = \lfloor \ln(u)/\ln(1-u) \rfloor$

2.2.2 取舍法

取舍法是一种非直接抽样方法，对于一些复杂的分布，取舍法是唯一可行的方法，而且往往可以取得较好的效果. 许多优秀的统计软件包，出于效率方面的考虑，对一些可以用反变换方法抽样的随机变量，也往往采用取舍法.

设随机变量 X 的概率密度为 $f(x)$，取舍法要求构造一个覆盖函数 $t(x)$，满足

$$f(x) \leqslant t(x), \quad c = \int_{-\infty}^{+\infty} t(x) < +\infty$$

令 $r(x) = t(x)/c$，容易看出 $r(x)$ 为一概率密度函数. 取舍法生成随机变量的流程如下：

Step 1. 产生 $r(x)$ 的随机数 x

Step 2. 产生与 x 独立随机数 $u \sim U(0,1)$

Step 3. 若 $u \leqslant f(x)/t(x)$，令 $y = x$，y 即为 $F(x)$ 的随机数；否则转到 Step 1 重新抽样

取舍法正确性的证明见文献[2]，[3]，[5]. 当 $f(x)$ 的计算较复杂时，为了提高算法的效率，常采用所谓的挤压(Squeeze)技术：引入一个易于计算的函数 $q(x) \leqslant f(x)$，对任给的 x，并在 Step 2 和 Step 3 之间加入：若 $u \leqslant q(x)/t(x)$，则返回 x. 取舍法的抽样效率为

$$p = \frac{\int_{-\infty}^{+\infty} f(x) \mathrm{d}x}{\int_{-\infty}^{+\infty} t(x) \mathrm{d}x} = \frac{1}{c} \tag{2-16}$$

取舍法的关键在于构造合适的覆盖函数 $t(x)$，使得 c 尽可能接近于 1，同时从 $r(x)$ 中产生随机变量 x 容易实现.

取舍法亦可用于离散型分布的抽样. 覆盖函数 $t(x)$ 仍取为连续的形式，且满足

$$\int_{-\infty}^{x_k} t(x) \mathrm{d}x \geqslant F(x_k), \quad \forall x_k \in \{x_0, \cdots, x_n\}$$

抽样步骤和连续分布相同，只是将 Step 3 中的 $f(x)/t(x)$ 换成 $p(\lfloor x \rfloor)/t(x)$.

例 2-2 为了抽样 $N(0,1)$ 分布，构造覆盖函数

$$t(x) = c \cdot r(x) = \sqrt{\frac{2\pi}{\mathrm{e}}} \cdot \frac{\pi^{-1}}{(1+x^2)} \tag{2-17}$$

可以验证上述 $t(x)$，$r(x)$ 满足覆盖函数和概率密度函数的定义. 通过反变换法很容

易得到服从 $r(x)$ 分布的随机变量, 进而由取舍法抽样出 $N(0,1)$ 分布随机变量. 该方法的抽样效率为 $\sqrt{e/2\pi} \approx 0.658$, 抽样效率不算高.

取舍法仅给出了 $t(x)$ 的构造原则, 而具体如何构造则依赖于算法设计者的智慧和想象力, Law & Kelton[2] 列出了许多常用连续或离散分布的高效率取舍算法的原始参考文献.

2.2.3 函数变换法

函数变换法利用随机变量之间的函数关系, 由若干易于抽样的简单分布, 构造复杂分布的抽样公式. 巧妙地应用函数变换法和复合法可简化许多复杂分布的抽样, 避免反变换法或取舍法的繁琐. t 分布、F 分布、对数正态分布等均可借助于函数变换法抽样.

例 2-3 根据概率知识, 若 $z \sim N(\mu, \sigma^2)$, 则 $e^z \sim LN(\mu, \sigma^2)$, 故服从对数正态分布 $LN(\mu, \sigma^2)$ 的随机变量 x 可通过下面的方法产生:

Step 1. 产生正态随机变量 $z \sim N(\mu, \sigma^2)$

Step 2. 返回 $x = e^z$

2.2.4 组合法

当随机变量 X 的分布函数 $F(x)$ 可以表示成若干个其他分布函数 $F_1(x), F_2(x), \cdots$ 的凸组合, 即 $F(x) = \sum_j p_j F_j(x)$, 其中 $p_j \geqslant 0$, $\sum_j p_j = 1$, 且 $F_j(x)$ 易于抽样时, 常常采用组合法由 $F_j(x)$ 的随机数来生成 $F(x)$ 的随机数. 具体算法如下:

Step 1. 抽样出服从下述离散分布的正整数 J

$$P\{J = j\} = p_j, \quad j = 1, 2, \cdots$$

Step 2. 产生分布为 $F_j(x)$ 的随机变量 x, x 即为满足要求的随机变量

可以证明由上述两步得到的随机变量 $X \sim F(x)$. 事实上

$$P\{X \leqslant x\} = \sum_j P\{J = j\} P\{X \leqslant x | J = j\} = \sum_j p_j F_j(x) = F(x)$$

例 2-4 超指数分布随机变量的抽样. 超指数分布的概率密度为

$$f(x) = \sum_{i=1}^{k} p_i \lambda_i e^{-\lambda_i x}, \quad x > 0$$

其中 $\lambda_i > 0, p_i > 0 (i = 1, 2, \cdots, k)$, 且 $\sum_{i=1}^{k} p_i = 1$.

超指数分布的背景是: 对于有 k 个服务台的排队系统, 如果每个服务台的服务时间都服从指数分布, 第 i 个服务台的参数为 λ_i, 到达的顾客以概率 p_i 选择第

i 个服务台接受服务,则这 k 个服务台组成的并联服务系统的服务时间服从超指数分布. 生成超指数分布随机数的步骤为

Step 1. 随机地生成一个正整数 J, 使得
$$P\{J=j\}=p_j, \quad j=1,2,\cdots$$

Step 2. 生成一个 $U(0,1)$ 随机数 u

Step 3. $x=-(1/\lambda_J)\ln u$, 即为超指数分布随机数

组合法的另一个应用是产生出这样的随机变量: 其概率密度函数由非参数估计得到. 概率密度函数由非参数估计在模式识别等领域得到广泛的应用. 设有某个未知分布的 N 个样本 $\{x_1,x_2,\cdots,x_n\}$, 则由非参数估计得到的概率密度具有如下形式:

$$\hat{f}_N(x)=\frac{1}{N}\sum_{i=1}^{N}\frac{1}{h_N}\varphi\left(\frac{x-x_i}{h_N}\right) \tag{2-18}$$

其中, $\varphi(\cdot)$ 称为核密度函数或 Parzen 窗函数, h_N 称为窗宽或带宽. $\varphi(\cdot)$ 本身为一密度函数, 最常见的窗函数为正态窗函数, 即 $N(0,1)$ 密度函数.

利用组合法, 可以非常方便地产生服从(2-18)式分布的随机变量, 具体的步骤如下:

Step 1. 抽样出集合 $\{1,2,\cdots,N\}$ 内均匀分布的正整数 J

Step 2. 产生密度函数为 $\varphi(z)$ 的随机变量 z

Step 3. 返回 $x=z\cdot h_N+x_i$

2.2.5 比值法

比值法(Ratio-of-Uniforms)是一类特殊的取舍法, 在常见的仿真书籍中很少被提及, 事实上, 这是一种非常实用和更加具体化的取舍算法, 该方法降低了常规取舍法构造覆盖函数的难题, 并且计算简单、易于程序实现、适用范围也较广. 比值法的理论基础是如下的定理:

定理 2-1 (Kinderman and Monahan[34]) 设随机变量 X 的密度函数为
$$f(x)=g(x)/\int g(x)\mathrm{d}x, \quad x\in(x_0,x_1),$$
$g(x)$ 为正可积函数. 若随机点 (v,u) 在区域
$$A_1=\{(v,u):0<u\leqslant\sqrt{g(v/u)},x_0<v/u<x_1\} \tag{2-19}$$
内均匀分布, 则 $X=V/U$ 服从密度函数为 $f(x)$ 的随机分布.

一般来说, 直接产生 A_1 内均匀分布的随机点 (v,u) 是非常困难的, 通常构造 A_1 的包围矩形 R, 先产生矩形 R 内均匀分布的随机点, 然后由取舍法得到 A_1 内均匀

分布的随机点. 这种实现的抽样效率取决于 A_i 和 R 的面积比.

例 2-5 用比值法抽样 $N(0,1)$ 分布的一个简单的算法如下，取 $g(x)=\exp(-x^2/2)$.

Step 1. 产生 $u \sim U(0,1)$，$v \sim U(-\sqrt{2/e},\sqrt{2/e})$

Step 2. $x=v/u$，$y=u^2$

Step 3. if $y \leqslant \exp(-x^2/2)$，返回 x，else 转到 Step 1

该算法的抽样效率为 $\sqrt{e\pi}/4 \approx 0.73$.

在原始比值法的基础上，一些学者对其进行了改进，例如，Leydold[35]给出了构造 A_i 的紧密包围区的方法，并设计了基于比值法的若干常用分布的高效率抽样算法，Stadlober[36]给出了基于比值法的泊松分布、二项分布和几何分布等离散分布的高效率抽样算法.

2.2.6 概率密度函数凹变换法

概率密度函数凹变换法是近年来提出的一种非常具体化、易于操作的取舍算法. 该方法最大的优点是适应性广、通用性强，对许多不同的连续或离散分布，该方法得到的算法结构基本相同，同时还具有抽样效率高、程序实现容易的优点. 这种方法源于 Devroye[36]，Gilks & Wild[37]等提出的对数凹变换思想，并由 Hörmann 等[39,40]在此基础上拓展为一般性的方法.

定义 2-1[39]　如果函数 $h(x)$ 的导数 $h'(x)$ 在其支撑区间单调递减，则 $h(x)$ 称为凹函数.

定义 2-2[39]　函数 $f(x)$ 的凹变换是指存在一个函数变换 $T(\cdot)$，使得 $h(x)=T[f(x)]$ 为凹函数.

概率密度函数凹变换法的基本思想是用一个严格单调增函数变换 $T(\cdot)$ 将概率密度函数 $f(x)$ 变换成一个凹函数 $h(x)$，然后根据凹函数的特点，用一些简单的线段 $l(x)$ 来构造 $h(x)$ 的覆盖函数，则根据变换 $T(\cdot)$ 的单调性，$t(x)=T^{-1}[l(x)]$ 必为 $f(x)$ 的覆盖函数.

下面通过 $N(0,1)$ 分布为例来阐述该方法，取自然对数作为变换函数，则

$$h(x)=\ln\left[\frac{1}{\sqrt{2\pi}}e^{-x^2/2}\right]=a_0-\frac{x^2}{2}, \quad a_0=-\ln\sqrt{2\pi} \tag{2-20}$$

显然上述变换符合凹变换的定义. 图 2-1 与图 2-2 给出了变换前后的函数曲线，如图所示，对 $h(x)$ 作三条线段 $l(x)$ 作为它的覆盖函数，则 $t(x)=\exp[l(x)]$ 亦为 $N(0,1)$ 分布的覆盖函数.

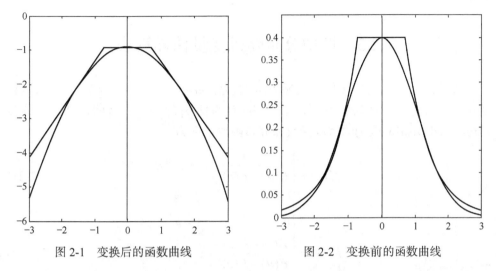

图 2-1 变换后的函数曲线　　　　图 2-2 变换前的函数曲线

取图 2-1 中 $h(x)$ 的左右切点 $x_l=-\sqrt{2}$，$x_r=\sqrt{2}$，则抽样 $N(0,1)$ 分布的流程如下：

Step 0. 初始化

$$b_l = x_l/2 = -1/\sqrt{2}，\quad b_r = x_r/2 = 1/\sqrt{2}$$

$$v_c = \int_{b_l}^{b_r} \exp[l(x)]\mathrm{d}x = \sqrt{2}\exp(a_0) = \frac{1}{\sqrt{\pi}}$$

$$v_r = \int_{b_r}^{\infty} \exp[l(x)]\mathrm{d}x = \exp(a_0)/x_r = \frac{1}{2\sqrt{\pi}}，\quad v_l = v_r$$

Step 1. 产生 $u \sim U(0,1)$，置 $u \leftarrow u \cdot 2/\sqrt{\pi}$

setp 2. 根据下式计算 x

if $u \leqslant v_r$, then $x = -\ln[2\sqrt{\pi}\cdot u]/x_l + b_l$, $t(x) = \exp[-x_l(x-b_l)]/\sqrt{2\pi}$

else if $u \leqslant v_l + v_c$, then $x = \sqrt{2\pi}\cdot(u-v_l)+b_l$, $t(x) = 1/\sqrt{2\pi}$

else $x = -\ln[1-2\sqrt{\pi}(u-v_l-v_c)]/x_r + b_r$, $t(x) = \exp[-x_r(x-b_r)]/\sqrt{2\pi}$

Step 3. 产生 $v \sim U(0,1)$，if $v \leqslant f(x)/t(x)$ 返回 x；else 转到 Step 1

上述算法的抽样效率为 $\sqrt{\pi}/2 \approx 0.886$. Hörmann 在文献[39]中给出了适用于多种分布的凹变换算法的通用框架. Gilk & Wild[38], Evans & Swartz[38], 以及 Hörmann[39,41] 等还给出了提高算法抽样效率的技巧，利用这些技巧，可用适度规模的程序代码实现高效率抽样. 这种利用凹变换来构造覆盖函数的思想亦可用于抽样高维分布或离散型分布的随机变量，如文献[42]-[45].

2.3 取中分布随机变量抽样算法

设连续型随机变量 X 的定义域为 $[a,b]$ (允许 $a \to -\infty$, $b \to +\infty$), 其分布函数为 $F(x)$, 且具有概率密度函数 $f(x)$. $[c,d]$ 为 $[a,b]$ 的一个子区间, 则取中分布 (Truncated Distribution) 的密度函数和分布函数定义为[2]

$$f^*(x) = \begin{cases} \dfrac{f(x)}{F(d)-F(c)}, & c \leqslant x \leqslant d \\ 0, & \text{其他} \end{cases} \qquad (2\text{-}21)$$

$$F^*(x) = \begin{cases} 0, & x < c \\ \dfrac{F(x)-F(c)}{F(d)-F(c)}, & c \leqslant x \leqslant d \\ 1, & x > d \end{cases} \qquad (2\text{-}22)$$

通过对取中分布进行抽样, 可以得到服从原分布, 但又被限定于 $[c,d]$ 区间的随机变量. 原则上 2.2 节中介绍的各种方法均可用于取中分布的抽样, 以下介绍几种简单易行的方法.

2.3.1 反变换法

当 $F(x)$ 的反函数显式存在, 可采用该方法. 由 (2-22) 式可得到反变换法的流程如下:

Step 1. 产生 $u \sim U(0,1)$
Step 2. 计算 $v = F(c) + u[F(d) - F(c)]$
Step 3. 返回 $x = F^{-1}(v)$

2.3.2 简单取舍法

当 $F(x)$ 的反函数不显式存在时, 一种简单的处理方法是直接从原分布函数 $F(x)$ 中抽样出 x, 若 $x \in [c,d]$ 则返回 x, 反之则舍去 x, 重新抽样. 简单取舍法操作简单, 不需要编写专门的取中分布抽样算法, 但这种方法的抽样效率较低, 为原分布的抽样效率再乘以 $F(d) - F(c)$. 当 $F(d) - F(c)$ 较小时, 该方法的抽样效率很低, 在应用中并不可取.

2.3.3 继承取舍抽样法

许多复杂的原分布函数均采用了取舍法抽样随机变量, 一个自然的想法是,直接利用原分布的覆盖函数来构造取中分布的覆盖函数. 本书中将这种抽样方法命名为继承取舍法. 设原分布的覆盖函数为 $t(x) = cr(x)$, c 和 $r(x)$ 的含义见 2.2.2 节. 构造函数

$$t^*(x) = \frac{t(x)}{F(d) - F(c)} = \frac{c[R(d) - R(c)]}{F(d) - F(c)} r^*(x), \quad x \in [c, d] \tag{2-23}$$

其中,$R(x)$ 为与概率密度 $r(x)$ 对应的分布函数,$r^*(x)$ 为 $[c,d]$ 区间上的取中分布.

容易验证,$t^*(x)$ 构成了 $f^*(x)$ 的覆盖函数. 继承取舍法的流程如下:

Step 1. 产生概率密度为 $r^*(x)$ 的随机变量 x

Step 2. 产生 $u \sim U(0,1)$

Step 3. $v \sim U(0,1)$,if $v \leqslant f(x)/t(x)$,返回 x;else 转到 Step 1

继承取舍法的抽样效率为 $c^{-1}[F(d) - F(c)]/[R(d) - R(c)]$,和简单取舍法比抽样提高了 $[R(d) - R(c)]^{-1}$ 倍.

例 2-6 产生服从 $N(0,1)$ 分布的随机变量 x,但限定 $x \in (-\sqrt{2}/2, \sqrt{2}/2)$.

在 2.2.6 节中,已经采用概率密度函数凹变换法构造了 $N(0,1)$ 分布的覆盖函数,截取其中 $x \in (-\sqrt{2}/2, \sqrt{2}/2)$ 一段构造取中分布的覆盖函数,最后得到抽样流程如下:

Step 1. 产生 $u \sim U(0,1)$

Step 2. $x = \sqrt{2} \cdot u - \sqrt{2}/2$

Step 3. 产生 $v \sim U(0,1)$,if $v \leqslant \exp(-x^2/2)$,返回 x;else 转到 Step 1

2.4 剩余分布抽样的高效率算法

2.4.1 剩余分布的数学描述

设连续型随机变量 X(广义地称其为寿命)为无穷区间上的连续分布,其分布函数为 $F(x)$,且具有概率密度函数 $f(x)$. 假定系统已累积使用过 x 时间,则由条件概率可求得剩余寿命 Δx 的分布函数为[47-49]

$$F_t(\Delta x) = \frac{F(x + \Delta x) - F(x)}{1 - F(x)}, \quad \Delta x \in (0, \infty) \tag{2-24}$$

相应的概率密度函数为

$$f_x(\Delta x) = \frac{f(x + \Delta x)}{1 - F(x)}, \quad \Delta x \in (0, \infty) \tag{2-25}$$

(2-25)式表明,剩余(寿命)分布是初始寿命分布的截尾分布. 对于可靠性工程中

的基本修复系统,可以证明其寿命分布也是剩余寿命分布,具体推导参阅文献[48],[49].

剩余寿命的特性与所属寿命分布类相关[51],如 DMRL 分布类,指的是平均剩余寿命随累积使用时间的增大而减小的分布类型,典型的分布如正态分布、形状因子大于 1 的 Γ 分布等. 这类分布属于耗损型分布,可形象的称为"新比旧好". 与之相反的是 IMRL 分布类,平均剩余寿命随累积使用时间的增大反而增大,属于非耗损型分布类,可称之为"新不如旧"类型,典型的分布如对数正态分布. 目前武器装备剩余寿命预测已被列入作战保障的关键技术之一,而剩余寿命抽样算法是用仿真方法预测剩余寿命的基石.

2.4.2 当前常用的剩余分布抽样方法

- 反变换法

产生 $u \sim U(0,1)$,令(2-24)式中 $F_x(\Delta x) = u$,得到

$$F(x + \Delta x) = u + F(x)(1-u) \tag{2-26}$$

当 $F(x)$ 的反函数显式存在时,可求出剩余寿命抽样的解析公式

$$\Delta x = F^{-1}[\tilde{u}] - x \tag{2-27}$$

其中,$\tilde{u} = u + F(x)(1-u)$.

例 2-7 对 Weibull (α, β) 分布,$F(t) = 1 - \exp[-(t/\beta)^\alpha], t > 0$,可得抽样公式为

$$\Delta t = \beta[(t/\beta)^\alpha - \ln u]^{1/\alpha} - t \tag{2-28}$$

常用寿命分布中只有极少数分布的反函数显式存在,因而该方法的应用很有限. 文献[49]曾提出用高精度的代数式逼近 $F(x)$,将(2-26)式变成代数方程求解. 然而这种做法很难保证抽样结果的正确性,甚至会导致根本性的错误. 对此,文献[47]给出了一个生动的例子:对于正态分布,按文献[49]给出的代数式逼近抽样,随着 $t \to \infty$ 时,平均剩余寿命 $\hat{\mu}(t) \to \infty$. 实际上正态寿命分布属于 DMRL 分布类,即平均剩余寿命递减,随 t 的增大 $\mu(t)$ 趋近于 0,抽样结果完全离谱.

- 简单取舍法

当反变换法难以使用时,文献[48]—[50]提出了如下的抽样方法:直接对 $F(t)$ 抽样得到 t_1,如果 $t_1 > t$,那么 $\Delta t = t_1 - t$,就是所需要的结果,反之则将 t_1 舍去,继续对 $F(t)$ 抽样. 这种方法的抽样效率为原分布抽样效率乘以 $1 - F(t)$,随累积使用寿命 t 的增大,$F(t)$ 很快趋近于 1,抽样效率接近于 0. 因此该方法无法从根本上解决剩余寿命抽样的问题.

2.4.3 继承取舍抽样法

剩余分布的继承抽样采用了与 2.3.3 节类似的思路，即利用原分布的覆盖函数来构造剩余分布的覆盖函数。记原分布为 $f(x)$，其覆盖函数为 $t(x) = cr(x)$，c 和 $r(x)$ 的定义见 2.2.2 节，$f_x(\Delta x) = f(x+\Delta x)/[1-F(x)]$ 为 $f(x)$ 的剩余分布。构造函数

$$S_x(\Delta x) = \frac{t(x+\Delta x)}{1-F(x)} \tag{2-29}$$

容易验证 $S_x(\Delta x)$ 满足覆盖函数定义。进一步将(2-29)式写成下述形式

$$S_x(\Delta x) = \frac{c[1-R(x)]}{1-F(x)} \cdot \frac{r(x+\Delta x)}{1-R(x)} = c_2 \cdot r_x(\Delta x) \tag{2-30}$$

其中，$R(x)$ 为密度函数 $r(x)$ 对应的分布函数，$c_2 = c[1-R(x)]/[1-F(x)]$。继承取舍法的流程如下：

Step 1. 产生剩余分布 $r_x(\Delta x)$ 的随机变量 Δx

Step 2. 产生 $u \sim U(0,1)$

Step 3. if $u \leqslant f(x+\Delta x)/t(x+\Delta x)$，返回 Δx；else 转到 Step 1

继承取舍法的抽样效率为 $1/c_2$。当 $x \to \infty$ 时，

$$\lim_{x \to \infty} \frac{1}{c_2} = \lim_{x \to \infty} \frac{1-F(x)}{c[1-R(x)]} = \lim_{x \to \infty} \frac{f(x)}{t(x)} \tag{2-31}$$

为使抽样效率不随着 x 的增大而趋于 0，要求

$$\lim_{x \to \infty} f(x)/t(x) = c_3 > 0 \tag{2-32}$$

通常条件(2-32)式不一定能满足，因此继承取舍法并不能保证大 x 下的抽样效率。若 x 足够大时 $f(x)/t(x)$ 单调递减，我们可取

$$G_x(\Delta x) = \frac{t(x+\Delta x)}{1-F(x)} \cdot \frac{f(x)}{t(x)} \tag{2-33}$$

作为 $f_x(\Delta x)$ 的覆盖函数。由于

$$\frac{f_x(\Delta x)}{G_x(\Delta x)} = \frac{f(x+\Delta x)/t(x+\Delta x)}{f(x)/t(x)} \leqslant 1$$

$G_x(\Delta x)$ 仍为 $f_x(\Delta x)$ 的覆盖函数。改进后的继承抽样法的抽样效率为 $1/c_4$，

$$c_4 = \frac{c(1-R(x))}{1-F(x)} \cdot \frac{f(x)}{t(x)} = \frac{\lambda_F(x)}{\lambda_R(x)} \tag{2-34a}$$

其中

$$\lambda_F(x) = \frac{f(x)}{[1-F(x)]}, \quad \lambda_R(x) = \frac{r(x)}{1-R(x)} \tag{2-34b}$$

为风险函数(失效率函数). 由于多乘了一个小于 1 的项,改进后的算法抽样效率有所提高,但仍不能保证,当 $x \to \infty$ 时,一定有 $\lim_{x \to \infty} 1/c_4 > 0$,不过若 $\lambda_F(x)$,$\lambda_R(x)$ 均有界,则必有 $\lim_{x \to \infty} 1/c_4 > 0$.

设 $x > x_c$ 时,$f(x)/t(x)$ 单调递减,改进后的继承取舍法如下:
Step 1. 产生剩余分布 $r_x(\Delta x)$ 的随机变量 Δx
Step 2. 产生 $u \sim U(0,1)$
Step 3. if $x \leqslant x_c$, then
   if $u \leqslant f(x+\Delta x)/t(x+\Delta x)$,返回 Δx;else 转到 Step 1
  else
   if $u \leqslant \dfrac{f(x+\Delta x)/t(x+\Delta x)}{f(x)/t(x)}$,返回 Δx;else 转到 Step 1
  end if

例 2-8 考虑 $\Gamma(a,1)$,$0 < a < 1$ 的剩余分布抽样,设原分布的覆盖函数取为[2]

$$t(x) = \begin{cases} \dfrac{x^a}{\Gamma(a)}, & 0 < x \leqslant 1 \\ \dfrac{e^{-x}}{\Gamma(a)}, & x > 1 \end{cases}, \quad r(x) = \begin{cases} \dfrac{ax^{a-1}}{b}, & 0 < x \leqslant 1 \\ \dfrac{ae^{-x}}{b}, & x > 1 \end{cases}$$

其中 $b = (e+a)/e$. 由此可求出

$$\frac{f(x)}{t(x)} = \begin{cases} e^{-x}, & 0 < x \leqslant 1 \\ x^{a-1}, & x > 1 \end{cases}$$

容易看出,$\lim_{x \to \infty} f(x)/t(x) = 0$,因此常规继承取舍法,无法保证大 x 下的抽样效率,但 $f(x)/t(x)$ 为减函数,并且有 $\lim_{x \to \infty} \lambda_R(x)/\lambda_F(x) = 1$,因此采用改进后的继承取舍法当 $x \to \infty$ 时,抽样效率趋于 1. 需要指出的是,由于 $f(x)/t(x)$ 在 $x=1$ 处不连续,临界值应取为 $x_c = 1$.

2.4.4 极限分布抽样法

继承取舍抽样法尽管具有一般性,但却无法保证 $x \to \infty$ 时的抽样效率. 为了弥补该缺陷,可在 x 足够大时,引入极限分布抽样法,该方法的思想源于文献[47]. 构造函数

$$G(\Delta x) = 1 - \frac{f(x+\Delta x)}{f(x)}, \quad g(\Delta x) \equiv G'(\Delta x) = -\frac{f'(x+\Delta x)}{f(x)} \quad (2\text{-}35)$$

引理 2-1 设 $f(x), x \in (x_0, \infty)$ 为随机变量 X 的概率密度函数. 如果对给定的 x,

当 $x_1 > x$ 时，恒有 $f'(x_1) \leq 0$，则 $G(\Delta x)$ 构成一分布函数，$g(\Delta x)$ 为其密度函数.

证明 $G(0) = 0$，$G(\infty) = 1$，又由已知条件和密度函数的性质

$$g(\Delta x) = -f'(x + \Delta x)/f(x) \geq 0$$

所以 $G(\Delta x)$ 构成一分布函数. 证毕.

不难看出 $G(\Delta x) = \lim_{x \to \infty} F_x(\Delta x)$，即 $G(\Delta x)$ 是剩余分布的极限分布.

引理 2-2 对任给 $x_1 > x$，若 $-f(x_1)/f'(x_1)$ 有界，且满足 $f'(x_1) \leq 0$，则必存在常数 c 使得 $c \cdot g(\Delta x)$ 构成 $f_x(\Delta x)$ 的覆盖函数.

证明 取 $c = M \cdot \lambda_F(x)$，其中 $\lambda_F(x)$ 见(2-34b)式，$M = \sup_{x_1 > x}\{-f(x_1)/f'(x_1)\}$，则

$$\frac{f_x(\Delta x)}{g_x(\Delta x) \cdot c} = \frac{-f(x + \Delta x)}{M \cdot f'(x + \Delta x)} \leq 1$$

证毕.

更进一步，有如下的定理：

定理 2-2 对任给 $x_1 > x$，若 $-f(x_1)/f'(x_1)$ 单调有界，则按下述方式确定引理 2-2 中的常数 c，当 $x \to \infty$ 时，抽样效率趋于 1.

(1) 若 $-f(x_1)/f'(x_1)$ 单调递增，取 $c = M \cdot \lambda_F(x)$，$M = \sup_{x_1 > x}\{-f(x_1)/f'(x_1)\}$；

(2) 若 $-f(x_1)/f'(x_1)$ 单调递减，取 $c = -\lambda_F(x)f(x)/f'(x)$.

证明 首先证明结论(1).

$$\lim_{x \to \infty} \frac{1}{c} = \lim_{x \to \infty} \frac{1}{M} \cdot \frac{1 - F(x)}{f(x)} = \lim_{x \to \infty} \frac{1}{M} \frac{-f(x)}{f'(x)} = 1$$

则得结论(1).

下证明结论(2). 记 $-f(x_1)/f'(x_1)$ 的下确界为 D，则

$$\lim_{x \to \infty} \frac{1}{\lambda_F(x)} = \lim_{x \to \infty} \frac{1 - F(x)}{f(x)} = \lim_{x \to \infty} \frac{-f(x)}{f'(x)} = D$$

从而 $\lim_{x \to \infty} [1/\lambda_F(x)]' = 0$，又

$$[1/\lambda_F(x)]' = -1 + \frac{-f'(x)}{f(x)} \cdot \frac{1}{\lambda_F(x)} = -1 + \frac{1}{c}$$

必有 $\lim_{x \to \infty} 1/c = 1$. 证毕.

必须指出的是，引理 2-2 和定理 2-2 要求的条件比较宽松，大部分的耗损型寿命分布均满足上述要求，因此这是适用范围较广的方法. 极限分布抽样法的一般流程如下：

Step 1. if $x \leq x_c$，按继承取舍法或简单取舍法产生 Δx，else 转到 Step 2

Step 2. 产生服从 $G(\Delta x)$ 分布的随机变量 Δx

Step 3. 产生 $u \sim U(0,1)$

Step 4. 若满足下述条件，则返回 Δx，否则转到 Step 2

$$u \leqslant -\frac{1}{M}\frac{f(x+\Delta x)}{f'(x+\Delta x)} \quad \left(\text{或} u \leqslant \frac{f(x+\Delta x)/f'(x+\Delta x)}{f(x)/f'(x)}\right)$$

其中 x_c 为临界值，根据实际情况选取，首先应满足引理 2-1 的要求.

极限分布抽样法的巧妙之处在于通过抽样 $G(\Delta x)$ 得到 $F_x(\Delta x)$ 的随机变量. 由于 $G(\Delta x)$ 不含积分，为简单的代数表达式，很容易通过反变换法抽样.

例 2-9 以 $N(0,1)$ 分布的剩余分布抽样为例，说明该方法的优越性. 该例属于定理 2-2 中的第 2 类情况，其抽样流程如下：

Step 1. if $x < X_c$, then 通过简单取舍法或继承取舍法产生 Δx；else 转到 Step 2

Step 2. 产生 $u \sim U(0,1)$，$v \sim U(0,1)$

Step 3. $x_1 = \sqrt{x^2 - 2\ln u}$

Step 4. if $v \cdot x_1 \leqslant x$, then 返回 $\Delta x = x_1 - x$；else 转到 Step 2

其中 X_c 至少应大于 0，若 $x < X_c$ 采用简单取舍，可取 $X_c = 0.37224$. 由定理 2-2 知，随着 x 的增大，该算法的抽样效率趋于 1.

2.4.5 函数变换法

极限分布抽样法虽然适用范围较广，但通常不适用于非耗损型分布，即"旧比新好"的一类分布如对数正态分布. 解决该问题可采用函数变换法. 为方便起见，引入累积使用寿命 $x_1 = x + \Delta x$. x_1 的分布函数 $F_{cx}(x_1)$、密度函数 $f_{cx}(x_1)$ 和 Δx 的分布具有相似的形式：

$$F_{cx}(x_1) = \frac{F(x_1)-F(x)}{1-F(x)}, \quad f_{cx}(x_1) = \frac{f(x_1)}{1-F(x)}, \quad x_1 \geqslant x \tag{2-36}$$

定理 2-3 设随机变量 X 具有分布函数 $F(x)$，其在 $X > x$ 下的累积寿命记为 x_1，对应的分布函数记为 $F_x(x_1)$. 随机变量 Y 为 X 的函数，具有分布函数 $F(y)$，若 $Y = h(X)$ 为单调增函数，则 $y_1 = h(x_1)$ 为 $Y > y \equiv h(x)$ 下的累积寿命.

证明 由累积分布的定义可得

$$F_{cx}(x_1) = \frac{F(x_1)-F(x)}{1-F(x)} = \frac{p\{x < X \leqslant x_1\}}{p\{X > x\}} \tag{2-37}$$

由于 $Y = h(X)$ 为单调增函数，则

$$p\{X > x\} = p\{h(X) > h(x)\} = p\{Y > y\} \tag{2-38}$$

$$p\{x < X \leqslant x_1\} = p\{h(x) < Y < h(x_1)\} = p\{y < Y < y_1\} \tag{2-39}$$

将上述两式代入(2-37)式，得到 $F_{cx}(x_1) = F_{cy}[h(x_1)]$，这表明若 x_1 服从 $F_x(x_1)$ 分布，

则 $y_1 = h(x_1)$ 服从 $F_{cy}(y_1)$ 分布. 证毕.

定理 2-3 给出了由某个易于抽样的剩余分布产生其他剩余分布随机变量的简捷方法. 例如, 产生对数正态分布 $Y \sim LN(\mu, \sigma^2)$ 在截尾 y 下的剩余分布随机变量 Δy 可采用下述方法:

Step 1. 计算 $x = (\ln y - \mu)/\sigma$

Step 2. 用 2.4.4 节中的算法抽样出截尾 x 下 $N(0,1)$ 剩余分布随机变量 Δx

Step 3. 返回 $\Delta y = \exp[\mu + (x + \Delta x)\sigma] - y$

对数正态分布属于失效率递减型非耗损分布, 用其他方法在 $y \to \infty$ 时, 很难保证剩余寿命的抽样效率, 而函数变换法给出了一个漂亮的解决方案.

除了直接变换外, 还可通过复合法产生复杂分布的剩余分布随机变量. 例如, $Z = X/Y$, $Y \in (0, \infty)$ 在截尾 z 下的剩余分布随机变量 Δz 可用下面的方法抽样:

Step 1. 产生随机变量 y, 并置 $x \leftarrow y \cdot z$

Step 2. 抽样出截尾 x 下 X 的剩余分布随机变量 Δx

Step 3. 返回 $\Delta z = \Delta x / y$

利用上述流程, 可得到 t 分布、F 分布等分布的剩余分布随机变量.

2.4.6 应用举例

利用上面提到的逆变换法、继承抽样法、极限分布抽样法和函数变换法, 作者设计了一个高效率剩余分布抽样算法软件包 RESAMP, 其中包含 15 种常用的定义在无穷区间上的连续分布. 下面通过两个具体的算例来说明此方法的有效性, 所采用的计算机 CPU 为 Intel PII350.

例 2-10 某可修系统初始寿命服从 Γ 分布, 分布参数 $\alpha = 2.4$, $\lambda = 0.01\text{h}^{-1}$, 系统累积工作到 1200 小时进行预防性维修, 维修时间服从参数为 $\alpha = 2$, $\lambda = 0.01\text{h}^{-1}$ 的 Γ 分布. 如果系统在预防维修周期内发生失效, 则进行事后维修, 事后维修为基本修复, 维修时间服从参数为 $\lambda = 0.1\text{h}^{-1}$ 的指数分布, 求该系统的稳态可用度.

系统稳态可用度指标的仿真评定算法如下[50]

$$\hat{A} = \frac{NT}{NT + \sum_{j=1}^{N} M_{ctj} + \sum_{j=1}^{N} M_{ptj}} \tag{2-40}$$

其中, N 为仿真的次数, T 为预防性维修周期, M_{ctj} 为第 j 次仿真时总的事后维修时间, M_{ptj} 为第 j 次仿真的预防维修时间.

由于 Γ 分布的剩余分布随机变量无法通过反变换法得到, 现有的解决方案是简单取舍法, 效率很低. RESAMP 软件包中采用的算法是继承取舍结合极限分布抽样法，当 $x \to \infty$，该方法抽样效率趋于 1. 表 2-2 给出了两种方法的比较，可以看出此方法的效率远高于现有方法.

表 2-2 两种抽样算法的比较(例 1)

	稳态可用度	耗时(ms)
现有方法	0.805	21640
高效率剩余分布抽样算法	0.807	30

例 2-11 某不可修系统寿命服从参数 $\mu = 400h$，$\sigma = 60h$ 的正态分布，设系统已累积工作 640 小时，求系统在 30 个小时内失效的概率.

用 Monte Carlo 法对系统的剩余寿命进行 N 次独立抽样，若第 i 次抽样的结果小于 30 小时，则记 $\phi_i = 1$，否则记 $\phi_i = 0$，则系统失效概率的无偏估计为

$$\hat{P} = \frac{1}{N} \sum_{i=1}^{N} \phi_i \tag{2-41}$$

对正态分布的剩余分布抽样，现有方法通常采用简单取舍法. RESAMP 软件包中采用的方法是继承取舍+极限分布抽样法. 取 $N=1000$，分别用两种方法进行剩余寿命抽样，表 2-3 列出了这两种方法的计算结果

表 2-3 两种抽样算法的比较(例 2)

	失效概率	耗时(ms)	实际抽样次数
现有方法	0.901	39820	30073175
高效率剩余分布抽样算法	0.877	0	1053

从中可看出为了产生 1000 个剩余寿命样本，简单取舍法竟要进行三千万次的抽样，高效率剩余分布抽样算法的效率是简单取舍法的三万倍.

2.5 本章小结

本章重点介绍了随机变量的计算机生成(抽样)技术. 高效率的随机变量抽样技术是随机离散事件系统仿真的基石. 内容上本章可分为三部分：随机数发生器、随机变量的抽样以及取中分布和剩余分布抽样等非常规分布的抽样.

在随机数发生器部分，本章重点介绍了近年来逐步得到广泛认可和应用的组合式发生器. 这种发生器继承了常规 LCG 或 Tausworth 类发生器计算简单效率高的优点，同时又具有很长的周期和优良的统计特性，比较适合于复杂随机系统的仿真. 从当前的应用趋势看，组合式发生器正在逐步取代广泛采用的 LCG 或

Tausworth 类发生器.

在随机变量的抽样(生成)部分,除了回顾一些经典的方法外,本章重点介绍了比值法和近年来提出的概率密度函数凹变换法.这两种方法本质上是具体化了的取舍法,均具有适应性广、通用性强、易于程序实现的特点,对那些没有现成的抽样算法可用的随机分布,这两种方法是解决问题的有效手段.

取中分布和剩余分布的抽样是常规随机变量抽样的推广,它们通常被应用于减小方差技巧中的分层抽样方法.剩余分布抽样还是解决当前武器装备剩余寿命预测中的关键技术.本章对这两类特殊分布的抽样给出了比较完善的解决方案.特别是针对剩余分布抽样给出了继承抽样法、极限分布抽样法和函数变换法等一些新的高效率抽样算法,解决了应用中剩余分布抽样效率低下的难题.

第 3 章 随机 DEDS 仿真的三种实现

从随机过程的角度看，DEDS 系统的动态过程本质上是一个广义半 Markov 过程(GSMP)，所谓的 DEDS 仿真实质上是用 Monte Carlo 方法抽样出系统状态演化的样本路径(曲线)[2-5]. 由于 DEDS 系统的状态仅在事件发生时才产生变化，因此 DEDS 样本路径可用三元组序列 $\{x_{k-1}, e_k, t_k\}$ $(k = 1,2,\cdots)$ 表示，其中 k 为事件序列计数，t_k 为事件 e_k 发生的时刻，x_{k-1} 为事件发生前系统的状态(如图 3-1 所示).

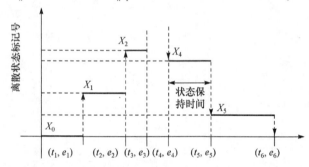

图 3-1 离散事件动态系统演化的样本路径

DEDS 仿真中构造样本路径最常用的方法是"事件调度法"[2-5]. 在具体编程实现时，按照程序实现策略的不同，又衍生出所谓的"活动扫描法"和"进程交互法"[2,4]. 上述三种方法得到的样本路径完全一样，从数学方法的角度来看，它们只是同一种样本路径构造方法的三种不同程序实现(Law & Kelton[2])，为此本章将它们统称为"经典事件调度构造法".

经典的事件调度法实现的优点是其通用性，但该方法没有更多地利用系统的先验知识. 当系统比较复杂时，事件表的维护比较复杂，构造样本路径的流程较为繁琐. 为此，一些学者针对某些特定问题，提出了若干样本路径构造的高效率算法[52-60]. 其中一个主要的突破是 Vakili[57]提出的适用于 Markov 型 DEDS 的标准钟方法，该方法无需操作事件表，其仿真流程简洁、计算负担小、易于并行程序实现，可以显著提高样本路径的抽样效率. 由于 Markov 模型是广为应用的一类模型，标准钟方法的诸多优点使其具有相当的吸引力，并得到广泛应用[14,18,55-60].

本章在广义半 Markov(GSMP)框架下给出了 DEDS 仿真的三种通用实现算法："经典事件调度构造法""极小分布抽样法"和"嵌入泊松流法". 三种方法

的相互校验构成了仿真算法和程序的正确性检验的有效手段. 特别是在后两种仿真框架下，对于 Markov 型 DEDS，可分别导出两种高效率仿真算法："归一时钟序列法"和 Vakili 提出的标准钟方法. 我们将指出 Vakili 的标准钟方法实际上是"嵌入泊松流法"的特例.

3.1　DEDS 的五元组描述

在对 DEDS 进行仿真之前，首先要将由排队网络或者 Perti 网等建立的描述模型转换成适于计算机描述的结构. 在 GSMP 框架下，通常将 DEDS 用一个五元组 $\{X,E,f,\Gamma,G\}$ 表示[61,119]. 其中，X 为状态集合，E 为事件集合，f 为状态转移函数：

$$f: X \times E \to X \tag{3-1}$$

$\Gamma(x) \subseteq E$ 为系统在状态 x 下的可行事件集，G 为事件生成函数集合，其中的 $G_i(\cdot)$ 为 i 事件的时间分布函数.

这里的状态是指系统中离散资源或者"实体"在系统中的分布状况，如排队系统的队长. 系统中的事件由"实体"的活动而产生，事件代表了"实体"活动过程的开始或结束，事件生成函数则是"实体"活动过程的时间分布. 在具体的仿真中，f 表现为事件处理程序，Γ 代表了系统演化的约束条件，G 则是系统动态部分的反映.

表 3-1 给出了从排队网络中提取五元组结构的一般原则. 从表中可以看出这种转换是相当直接的，考虑到 DEDS 的早期研究中，排队系统是一个主要的研究对象，这一点并不难以理解.

表 3-1　从排队网络中提取五元组结构

X	各队列的队长
E	顾客到达、离开队列事件集合
Γ	可行事件集
G	顾客到达时间分布，服务时间分布
f	事件发生后，队列变化规则

表 3-2 给出了从广义随机 Petri 网中提取五元组结构的一般原则，在进行提取时应注意先对网络进行简化，否则 Petri 网严密、细致的特点很容易造成状态空间的爆炸性增长，给仿真和评估带来不必要的困扰.

表 3-2 从 Petri 网中提取五元组结构

X	库所中实存标记
E	所有时间变迁集合
Γ	时间变迁触发规则
G	变迁触发时间分布规律
f	变迁触发结果，即 $P \times T \to P$

Markov 型 DEDS 中的事件生成函数 $G_i(\cdot)$ 均服从指数分布. 设 $\Theta = \{\lambda_i | i \in E\}$ 为事件生成函数的分布参数集，由于指数分布公式 $G_i(t) = 1 - \exp(-\lambda_i t)$ 由其参数 λ_i 唯一确定，因此对 Markov 系统可用参数集 Θ 来代替事件生成函数集 G. 在此后的讨论中，我们采用五元组 $\{X, E, f, \Gamma, \Theta\}$ 结构来描述 Markov 系统.

3.2 经典事件调度法

DEDS 中所谓的状态 x 仅指系统中离散资源的分布状况，它不具有连续时间动态系统状态所具有的"记忆性"，因此在仅给定 x 的条件下，无法抽样出系统状态演化的样本路径. 通过补充变量法，可使 DEDS 的状态具有常规"状态量"的特点. 令 $y_i(t)$ ($i \in \Gamma(x)$) 代表可行事件 i 相对于当前仿真钟的剩余触发时间，定义新的状态量 $Z(t) = \{X(t), Y(t)\}$，补充变量后，系统此后的演化过程只取决于当前的状态，而与此前的状态无关. 在 DEDS 仿真中，$\{(i, y_i), i \in \Gamma(x)\}$ 被称为"将来事件表". 样本路径的构造方法如下：

Step 1. 由"将来事件表" $\{(i, y_i), i \in \Gamma(x)\}$ 确定出系统在当前状态下的最先发生事件 e'，及其相对当前仿真钟的剩余触发时间 y^*

$$e' = \arg\min_{i \in \Gamma(x)} \{y_i\} \tag{3-2}$$

$$y^* = \min_{i \in \Gamma(x)} \{y_i\} \tag{3-3}$$

Step 2. 推进仿真钟到 e' 发生时刻

$$t' = t + y^* \tag{3-4}$$

Step 3. 对状态量 $Z(t)$ 进行更新，即更新系统状态和事件表

$$x' = f(x, e') \tag{3-5}$$

$$y_i' = \begin{cases} y_i - y^*, & i \in \{\Gamma(x) - e'\} \\ g_i, & i \in \Gamma(x') - \{\Gamma(x) - e'\} \end{cases} \tag{3-6}$$

其中，$\{\Gamma(x)-e'\}$ 为事件表中尚未触发事件的集合，$\Gamma(x')$ 为状态更新后的可行事件集合，$\Gamma(x')-\{\Gamma(x)-e'\}$ 为状态更新后加入事件表的新可行事件的集合，g_i 为新的可行事件相对于 t' 的触发时间，通过对 $G_i(\cdot)$ 抽样得到.

重复上述步骤，即得到系统状态演化的一条样本路径 $\{x_{k-1}, e_k, t_k\}$ $(k=1,2,\cdots)$. 图 3-2 给出了相应的仿真框图.

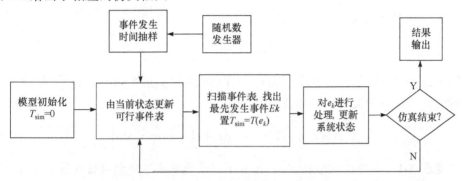

图 3-2　样本路径构造的经典事件调度法

从上述仿真流程中可看出，事件表的维护是经典事件调度法的核心，当系统比较复杂时，事件表的维护复杂，构造样本路径的流程较为繁琐.

3.3　极小分布抽样法

3.3.1　方法的数学描述

首先引入一些基本概念，如图 3-3 所示，设当前仿真钟为 t，P_1 点为事件 i 被允许发生的时刻，P_2 为事件 i 发生时刻. 记 T_i 为事件 i 的触发区间，T_i 服从 $G_i(\cdot)$ 分布，$a_i(t)$ 为事件 i 相对于仿真钟 t 的累积未触发时间，$y_i(t)$ 为事件 i 的剩余触发时间. 如果把事件 i 的触发区间和部件的寿命过程联系起来，则 $a_i(t)$ 为部件在 t 时刻的年龄，$y_i(t)$ 为部件在 t 时刻的剩余寿命. 记 $A(t)=\{a_i(t)|i\in\Gamma(x)\}$，则一旦 $\{t, X(t), A(t)\}$ 给定，系统此后的动态过程与 t 以前的历史无关，即 $\{t, X(t), A(t)\}$ 为一广义半 Markov 过程.

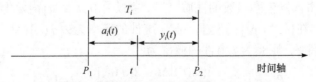

图 3-3　与事件 i 触发相关的一些概念

设可行事件 i 的生成函数为 $G_i(t)$，在当前仿真钟 t 时刻，事件 i 的累积未触发时间为 $a_i(t)$，记 i 的剩余触发时间为 τ，其条件分布记为 $G_i(\tau|t)$，则由 2.4.1 节给出的剩余分布公式

$$G_i(\tau|t) = 1 - \frac{1 - F[a_i(t)+\tau]}{1 - F[a_i(t)]} \tag{3-7}$$

引入事件发生率函数

$$\lambda(\tau) = \frac{g(\tau)}{1 - G(\tau)} \tag{3-8}$$

在随机过程以及可靠性理论中，$\lambda(\tau)$ 被称为风险函数或失效率函数[62-65]。剩余触发时间的分布可用失效率函数表示为[62-65]

$$\bar{G}_i(\tau|t) \equiv 1 - G_i(\tau|t) = \exp\left\{-\int_t^{t+\tau} \lambda_i[a_i(u)]\mathrm{d}u\right\} \tag{3-9}$$

定理 3-1 在当前状态 $\{t, X(t), A(t)\}$ 下，最先发生事件相对仿真钟 t 的剩余触发时间服从下述分布

$$\bar{G}(\tau|t) = \exp\left\{-\int_t^{t+\tau} \Lambda(u)\mathrm{d}u\right\}, \quad \Lambda(t) \equiv \sum_{i \in \Gamma(x)} \lambda_i[a_i(t)] \tag{3-10}$$

其中，$\Lambda(t)$ 为 t 时刻所有可行事件的发生率之和。

证明 注意到最先发生事件的剩余触发时间必然最小，即

$$\tau = \min\{\tau_i\}, \quad i \in \Gamma(x) \tag{3-11}$$

由概率知识[70,71]，最先发生事件相对于当前仿真钟的剩余分布为

$$\bar{G}(\tau|t) = \prod_{i \in \Gamma(x)} \bar{G}_i(\tau|t) \tag{3-12}$$

将(3-9)式代入上式，即完成定理 3-1 的证明。证毕。

按(3-10)式进行抽样，即可确定出最先事件发生的时间 $t' = t + \tau$。为了确定事件的类型，给出如下的定理

定理 3-2 对给定的 $\{t, X(t), A(t)\}$，若系统在 t' 时刻发生了一起事件 e，则

$$P\{e = i|t'\} = \frac{\lambda_i[a_i(t')]}{\Lambda(t')}, \quad i \in \Gamma(x) \tag{3-13}$$

证明 由事件发生率函数的性质[62-65]，系统在 $[t', t'+\Delta t]$ 内发生一起事件的概率为 $\Lambda(t') \cdot \Delta t$，在 $[t', t'+\Delta t]$ 内发生一起 i 事件的概率为 $\lambda_i[a_i(t')] \cdot \Delta t$。若已知 t' 时刻发生了一起事件 e，则其为 i 事件的概率为

$$P\{e = i|t'\} = \frac{\lambda_i[a_i(t')]\Delta t}{\Lambda(t')\Delta t} = \frac{\lambda_i[a_i(t')]}{\Lambda(t')}, \quad i \in \Gamma(x) \tag{3-14}$$

证毕。

结合定理 3-1 和定理 3-2，即可构造出样本路径，具体流程如下：

Step 1. 由(3-10)式抽样出最先发生事件 e 的相对于当前仿真钟 t 的剩余触发时间 τ，具体操作为
- 产生一 $U(0,1)$ 分布随机数 u
- 解下述方程，求出 τ

$$\int_{t}^{t+\tau} \Lambda(z) \mathrm{d}z = -\ln u \tag{3-15}$$

Step 2. 推进仿真钟至 t'，并更新可行事件的累积未触发时间

$$\begin{cases} t' = t + \tau \\ a_i(t') = a_i(t) + \tau, \quad i \in \Gamma(x) \end{cases} \tag{3-16}$$

Step 3. 由(3-13)式抽样出最先发生事件 e 的类型，即
- 产生一 $U(0,1)$ 分布随机数 u
- $e=i$，当且仅当

$$\sum_{j=1}^{i-1} \lambda_j [a_j(t')] < u \cdot \Lambda(t') \leqslant \sum_{j=1}^{i} \lambda_j [a_j(t')], \quad i,j \in \Gamma(x)$$

Step 4. 状态更新

$$x' = f(x, e') \tag{3-17}$$

$$a_i(t') = 0, \quad i \in \Gamma(x') - \{\Gamma(x) - e'\} \tag{3-18}$$

重复上述步骤，即得到系统状态演变的一条样本路径 $\{x_{k-1}, e_k, t_k\}$ ($k = 1, 2, \cdots$). 图 3-4 给出了相应的框图.

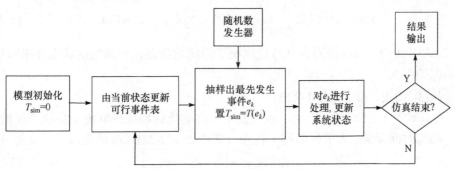

图 3-4 样本路径构造的极小分布抽样法

极小分布抽样法也需要一个事件表 $\{(i, a_i(t)), i \in \Gamma(x)\}$，用于记录可行事件及其累积未触发时间，但由于该事件表是"当前事件表"，其维护比较简单，无需进行比较、排序等操作. 另外，该方法每次推进到下一状态时，仅需进行两次抽样，构造样本路径所需的随机数的数目少于经典的事件调度法.

极小分布抽样法应用的关键在于方程(3-15)存在显式的解析解，当事件生成函数 $G(\cdot)$ 为一般分布，实现起来比较困难. 但当系统为一 Markov 型 DEDS 时，用极小分布抽样法构造样本路径将非常方便.

3.3.2 Markov 系统的高效率仿真

设 Markov 型 DEDS 的参数集为 $\Theta = \{\lambda_i | i \in E\}$. 由于在指数分布下，事件发生率为常数且恰好等于分布参数 λ_i，因而无需记录可行事件的累积未触发时间 $a_i(t)$. 总的事件发生率

$$\Lambda(t) = \sum_{j \in \Gamma(x)} \lambda_j \tag{3-19}$$

$\Lambda(t)$ 仅取决于系统当前状态，而与时间无关. 由(3-10)式，最先发生事件 e 的相对于当前仿真钟 t 的剩余触发时间服从参数为 $\Lambda(t)$ 的指数分布，即

$$G(\tau|t) \equiv 1 - \bar{G}(\tau|t) = 1 - \exp\{-\Lambda(t)\tau\} \tag{3-20}$$

因此，τ 可由下式抽样

$$\tau = -\frac{1}{\Lambda(t)} \ln u, \quad u \sim U(0,1) \tag{3-21}$$

又由(3-13)式，最先发生事件 e 服从下述概率分布

$$P\{e_k = j|t'\} = \frac{\lambda_j}{\Lambda(t')} = \frac{\lambda_j}{\Lambda(t)}, \quad j \in \Gamma(x) \tag{3-22}$$

因此最先发生事件可由下式抽样

$$e = i \text{ 当且仅当 } \sum_{j=1}^{i-1} \lambda_j < u \cdot \Lambda(t) \leq \sum_{j=1}^{i} \lambda_j, \quad i,j \in \Gamma(x_{k-1}) \tag{3-23}$$

(3-22)式中 $\Lambda(t') = \Lambda(t)$ 是因为 $\Lambda(t)$ 仅取决于系统的状态，而系统的状态在未转移之前保持不变.

从(3-20)式、(3-22)式可看出：

(1) 对于 Markov 型 DEDS，最先发生事件的统计特征只取决于系统当前的状态，而与时间无关. 为了强调这一特点，将(3-20)-(3-22)式改记为以下形式：

$$\Lambda(x) = \sum_{j \in \Gamma(x)} \lambda_j \tag{3-24}$$

$$G(\tau|x) = 1 - \exp\{-\Lambda(x)\tau\} \tag{3-25}$$

$$P\{e_k = j|x\} = \frac{\lambda_j}{\Lambda(x)}, \quad j \in \Gamma(x) \tag{3-26}$$

(2) 对于 Markov 型 DEDS，下一发生事件的类型及其发生时间可以实现解耦，即事件的类型及其发生时间可由(3-25)式和(3-26)式分别独立抽样.

性质(1)、(2)意味着在仿真时,无需记录事件表 $a_i(t), i \in \Gamma(x)$,这使得仿真流程进一步得到简化.最后,对于 Markov 型 DEDS,采用极小分布抽样法构造样本路径的仿真流程简化为下述形式:

Step 1. 产生 $u \sim U(0,1)$, $v \sim U(0,1)$

Step 2. 按概率分布式(3-26)抽样出下一发生事件 e_k ,即

$$e_k = i \text{ 当且仅当 } \sum_{j=1}^{i-1} \lambda_j < u \cdot \Lambda(x_{k-1}) \leq \sum_{j=1}^{i} \lambda_j , \quad i, j \in \Gamma(x_{k-1}) \tag{3-27}$$

Step 3. 推进仿真钟, $t_k = t_{k-1} + \dfrac{1}{\Lambda(x_{k-1})} \ln v$

Step 4. 更新状态, $x_k = f(x_{k-1}, e_k)$

Step 5. 转到 Step 1,直到仿真结束

3.3.3 并发构造样本路径的归一时钟序列法

实践中大量的评估问题,往往涉及从若干设计方案中寻找性能最优的配置,传统的仿真手段只能对每一种配置分别估计出其性能测度,仿真工作量很大.文献[61]利用 Markov 系统的上述两个特征,给出了并发的构造系统在不同参数集下的多条样本路径的归一时钟序列法.该方法不但可有效提高系统在多参数集下的仿真效率,而且由于 M 条样本路径采用的是公共随机数流,还可有效提高仿真的精度[2].

设系统的参数集有 M 种可能的配置,记为 $\Theta^m = \{\lambda_i^m, i \in E\}(m = 1, 2, \cdots, M)$.令(3-21)式中的 $\Lambda(t) = 1$,抽样出分布参数为 1 的指数时间间隔序列 $\{\tau_k^*\}(k = 1, 2, \cdots)$ 称该序列为归一化时钟间隔序列. $\tilde{\tau}_k$ 与实际的时间间隔序列 τ_k 有以下关系:

$$\tilde{\tau}_k = \tau_k / \Lambda(x_{k-1}) \tag{3-28}$$

再记 $\{x_{k-1}^j, e_k^j, t_k^j\}(k = 1, 2, \cdots)$ 为第 j 个参数集下的样本路径,在引入归一时钟序列后,我们可采用下述流程在一次仿真钟同时构造出 M 条样本路径

Step 1. 抽样出归一化时间间隔 $\tilde{\tau}_k$

Step 2. 产生 $u \sim U(0,1)$

  for $j = 1$ to M do {

Step 3. 从概率分布(3-26)式中抽样出 e_k^j

Step 4. 推进仿真钟, $t_k^j = t_{k-1}^j + \tilde{\tau}_k / \Lambda(x_{k-1}^j)$

Step 5. 状态更新, $x_k^j = f(x_{k-1}^j, e_k^j)$

  }

Step 6. 转到 Step 1,直到仿真结束

3.4 嵌入泊松流法

3.4.1 方法的数学描述

对于非 Markov 系统，极小分布抽样法构造样本路径的一个根本困难是方程 (3-15) 难以用解析的方法求解. 为此可采用"嵌入泊松流"方法，这种方法本质上是一种取舍抽样方法.

假定事件总发生率函数有界，即 $\Lambda(t) \leqslant \Lambda$，"嵌入泊松流法"构造样本路径的流程如下：

Step 1. 构造一强度为 Λ 的泊松到达序列，即抽样出参数为 Λ 的指数分布的时间间隔序列

$$\tau_k = -\ln u / \Lambda$$

Step 2. 推进仿真钟，并更新可行事件的累积未触发时间：

$$\begin{cases} t_k = t_{k-1} + \tau_k \\ a_i(t_k) = a_i(t_{k-1}) + \tau_k, \quad i \in \Gamma(x_{k-1}) \end{cases} \tag{3-29}$$

Step 3. 产生 $u \sim U(0,1)$

Step 4. if $u\Lambda > \Lambda(t_k)$，则该泊松到达为虚拟事件，转到 Step 1

if $u\Lambda \leqslant \Lambda(t_k)$，则泊松到达为真实事件，按下式抽样出事件类型

$$e_k = i, \quad \text{当且仅当} \sum_{j=1}^{i-1} \lambda_j[a_j(t)] < u \cdot \Lambda \leqslant \sum_{j=1}^{i} \lambda_j[a_j(t)], \quad j \in \Gamma(x_{k-1})$$

Step 5. 更新状态

$$x' = f(x, e') \tag{3-30}$$

$$a_i(t') = 0, \quad i \in \Gamma(x') - \Gamma(x) - e' \tag{3-31}$$

重复上述步骤，即得到系统状态演变的一条样本路径 $\{x_{k-1}, e_k, t_k\}$ $(k=1,2,\cdots)$. 图 3-5 给出了相应的框图.

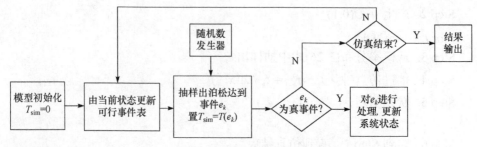

图 3-5 样本路径构造的嵌入泊松流法

"嵌入泊松流法"法本质上是极小分布抽样法的取舍抽样实现方案，和后者一样需要一个事件表$\{(i,a_i(t)),i\in\Gamma(x)\}$用于记录可行事件及其累积未触发时间. 关于"嵌入泊松流法"构造样本路径的正确性，现证明如下：

证明 只需证明对给定的$\{t,X(t),A(t)\}$，最先发生事件的剩余触发时间及其类型的分布规律分别服从(3-10)式、(3-13)式即可.

按照"嵌入泊松流法"构造样本路径，系统在$(t',t'+\Delta t)$时间内发生一起泊松到达的概率为$\Lambda\cdot\Delta t$，而该泊松到达为真实事件的概率为$\Lambda(t')/\Lambda$，故在$(t',t'+\Delta t)$时间内发生一起真实事件的概率为

$$P\{t'\leqslant t_e\leqslant t'+\Delta t\}=\Lambda\cdot\Delta t\frac{\Lambda(t')}{\Lambda}=\Lambda(t')\Delta t \tag{3-32}$$

(3-32)式表明，"嵌入泊松流法"并不改变真实事件的发生频率，从而最先触发事件的剩余分布和(3-10)式相同.

又若系统在$(t',t'+\Delta t)$时间内发生一起真实事件，则由条件概率的性质，其为i事件的概率为

$$P\{e=i\,|\,t'\}=\frac{\lambda[a_i(t')]/\Lambda}{\Lambda(t')/\Lambda}=\frac{\lambda[a_i(t')]}{\Lambda(t')} \tag{3-33}$$

上式和(3-13)式相同，即"嵌入泊松流法"并不改变最先发生事件的分布特征，因此"嵌入泊松流法"构造的样本路径在统计意义上和"极小分布抽样法"等价. 证毕.

"嵌入泊松流法"避免了极小分布抽样方法在时间抽样上的困难，但该方法仍存在一些限制，即要求事件发生率函数有界，不过这一限制并不苛刻，实践中许多常用的分布如Γ分布、对数正态分布、形状因子小于1的Weibull分布、指数分布、超指数分布等均满足这一要求. "嵌入泊松流法"构造样本路径的效率取决于真实事件的取舍概率$\Lambda(t)/\Lambda$，若$\Lambda(t)/\Lambda\approx 1$，则抽样效率很高，否者会产生较多的虚拟事件，影响到仿真效率.

3.4.2 Markov型DEDS仿真的标准钟方法

对于Markov系统，在"嵌入泊松流"方法的基础上，可得到一种高效率的仿真方法，该方法由Vakili提出，称为标准钟方法[57]. 设Markov系统的事件生成率函数$G_i(t)=1-e^{-\lambda_i t},i\in E$. 以强度为$\Lambda=\sum_{i\in E}\lambda_i$的泊松流构造时钟序列，并称为该时钟序列为标准钟，具体流程如下：

Step 1. 抽样标准钟序列$\tau_k=-\ln u_1/\Lambda$，$u_1\sim U(0,1)$
Step 2. 推进仿真钟：$t_k=t_{k-1}+\tau_k$

Step 3. 按概率分布 $P\{e_k = i\} = \lambda_i / \Lambda$ 抽样出下一事件, 即

$$e_k = i \text{ 当且仅当} \sum_{j=1}^{i-1} \lambda_j < u_2 \cdot \Lambda \leqslant \sum_{j=1}^{i} \lambda_j, \quad j \in E, u_2 \sim U(0,1) \tag{3-34}$$

Step 4. if $i \notin \Gamma(x)$, 则为虚拟事件, 转到 Step 1

Step 5. if $i \in \Gamma(x)$, 则 i 为真实事件, 更新状态 $x' = f(x, e')$

重复上述步骤, 即得到系统状态演变的一条样本路径 $\{x_{k-1}, e_k, t_k\}$ ($k = 1, 2, \cdots$).

当系统存在多个可能的参数配置 $\Theta^m = \{\lambda_i^m, i \in E\}, m = 1, 2, \cdots, M$, Vakili 给出了用标准钟方法并发构造出多条样本路径的流程. 令 $\Lambda_{\max} = \max\{\Lambda^j \mid j \in (1, 2, \cdots, M)\}$, 仿真流程如下:

Step 1. 按 $\Lambda_{\max}$ 构造归一化标准钟序列 $\tilde{\tau}_k$

Step 2. 产生 $u \sim U(0,1)$

    for $j=1$ to M do {

Step 3. 按(3-33)式抽样出 e_k^j

Step 4. 推进仿真钟, $t_k^j = t_{k-1}^j + \tilde{\tau}_k / \Lambda_{\max}$

Step 5. if $e_k^j \in \Gamma(x_{k-1}^j)$, 状态更新: $x_k^j = f(x_{k-1}^j, e_k^j)$

    }

Step 6. 转到 Step 1, 直到仿真结束

和前面提到的归一时钟法相比, 标准种方法的优点是 Step3 中泊松到达事件 e_k 的概率分布保持不变, 这种做法在很大程度上降低了编程复杂性, 简化了仿真程序, 有助于提高仿真的效率. 当 $\Lambda(x)/\Lambda \approx 1$ 时, 该方法的仿真效率一般要较归一时钟法好. 对于许多实际的评估问题, 上述条件通常是成立的, 但仿真过程中, 在某些特殊的状态, 可能会有 $\Lambda(x)/\Lambda \ll 1$ 时, 此时会产生较多的虚拟事件, 影响到仿真的效率.

3.5 应用举例

近年来, $n:k(m)$ 型交叉贮备系统在武器装备的备件供应规划中受到较多的关注[66-69]. 该系统由 k 个同型保障对象、$n-k$ 个备件和 m 个维修组构成. 当某一保障对象失效时, 用备件替换失效的保障对象, 并按既定的维修策略对其进行维修. 任意时刻, 不能保证 k 个保障对象时, 系统失效. $n:k(m)$ 系统是可靠性工程中比较有代表性的一类系统, 当 $k=1$ 时, 系统退化为冷储备系统; $k=n$ 时, 系统成为串联系统. Markov 型 $n:k(0)$ 系统(不考虑储备寿命)的相关算法已列入中华人民共和国军用标准. 文献[69]给出了 $n:k(m)$ 系统的最优贮备问题的通用仿真流程, 文献[68]

在简单维修策略下,给出了一些理论分析的结果.

考虑如下的算例:某单位有 50 套同型电子设备处于值班状态,设备的故障率服从 $\lambda=2\times10^{-4}\mathrm{h}^{-1}$ 的指数分布,失效设备由 2 名维修员负责维修,维修时间服从 $\mu=0.005\mathrm{h}^{-1}$ 的指数分布,维修模式为:一旦有设备失效按 FIFO 规则立即对失效件展开维修. 该电子装备的更新补充周期为 $T=5000$ 小时,求系统在这期间设备保障率 R 不低于 0.8、0.85、0.9、0.95、0.97、0.99 所需的最优备件储备量.

取剩余备件量作为系统的状态量,则上述 Markov 型 $n:k(m)$ 系统的五元组描述为

$$X=\{0,1,\cdots,n-k\},\quad E=\{1,2\},\quad \Theta=\{\lambda,\mu\} \tag{3-35}$$

$$\Gamma(x)=\begin{cases}\{1,2\},& x<n-k\\ \{1\},& x=n-k\end{cases},\quad f(x,e)=\begin{cases}x-1,& e=1\\ x+1,& e=2\end{cases} \tag{3-36}$$

其中,"1"表示设备失效事件,"2"表示维修完成事件.

最优备件贮备量的仿真策略,采用文献[69]给出的思路,引入一个虚拟贮备池,池中的备件数为无穷多个. 仿真初始时,置备件量为 0,维修台空闲. 仿真中一旦出现无备件可用时,则从虚拟新备件池取出一新备件,当仿真结束时,从虚拟新备件池取出的总的新备件数,就是最优储备量在这一次仿真中的一个子样,记为 S_l. 仿真终止条件为仿真钟 T_{sim} 推进到 $T_{sim}\geq T$.

对系统作 N 次独立的仿真,得到 N 个最优储备量的样本观察值 $S_1,S_2,\cdots,S_N$,剔除该序列中的重复值,按从小到大排成 $S_1^*,S_2^*,\cdots,S_n^*$,并记 f_i 为 S_i^* 在序列 $S_1,S_2,\cdots,S_N$ 中出现的次数,则可得到最优储备 S 的近似概率分布表.

表 3-3　最优备件贮备量概率分布表

S	S_1^*	S_2^*	S_3^*	S_4^*	...	S_n^*
P	$\dfrac{f_1}{N}$	$\dfrac{f_2}{N}$	$\dfrac{f_3}{N}$	$\dfrac{f_4}{N}$	...	$\dfrac{f_n}{N}$

其估计分布函数为

$$\hat{F}(S)=\begin{cases}0,& S<S_1^*\\ \sum_{j=1}^{i}\dfrac{f_j}{L},& S_i^*\leq S<S_{i+1}^*,i=1,2,\cdots,n-1\\ 1,& S\geq S_n^*\end{cases} \tag{3-37}$$

显然 $F(S)$ 为系统在配备 S 个备件下的保障率. 因而满足下述条件的 S_j^*,即为在给定的保障期内,不低于保障率 R 的最优备件贮备量 S

$$F(S_{j-1}^*) < R \leqslant F(S_j^*) \tag{3-38}$$

最优贮备量在置信水平 α 下的置信区间 (S_L, S_R) 由下式给出(参见 7.1 节)：

$$S_L = S_j^* \text{ 当且仅当 } \sum_{i=1}^{j-1} f_i < N_L \leqslant \sum_{i=1}^{j} f_i \tag{3-39}$$

$$S_R = S_k^* \text{ 当且仅当 } \sum_{i=1}^{k-1} f_i < N_R \leqslant \sum_{i=1}^{k} f_i \tag{3-40}$$

其中

$$N_L = NR - z_{\alpha/2}\sqrt{NR(1-R)} \tag{3-41}$$

$$N_R = NR + z_{\alpha/2}\sqrt{NR(1-R)} \tag{3-42}$$

$z_{\alpha/2}$ 为正态分布 $\alpha/2$ 分位点.

上述仿真算法同时给出了在给定保障周期 T 和贮备量 S 下，系统实际保障率的估计 $\hat{R} = \hat{F}(S)$. R 的置信区间可用下述方式估计，令

$$X_i = \begin{cases} 1, & S \geqslant S_i \\ 0, & S < S_i \end{cases}, \quad i = 1, 2, \cdots, N \tag{3-43}$$

显然，X_i 为独立的 0-1 分布的样本观察值，且为 1 的概率为 R. 从而有

$$\sum_{i=1}^{N} X_i \sim B(N, R)$$

由 DeMoire-Laplace 定理[70]，即可得到 R 的置信区间估计

$$\hat{R} \pm z_{\alpha/2}\sqrt{\hat{R}(1-\hat{R})/N} \tag{3-44}$$

表 3-4 给出了三种仿真算法："经典事件调度法""归一时钟序列法"和"标准钟方法"进行 5000 次仿真得到最优贮备量估计结果，所用计算机 CPU 为 Intel Centrino 1.5. 表中 CPU 项为计算机 CPU 耗时. 评估结果中首行为备件最优贮备量的估计，次行为 95%置信上、下限.

从表 3-4 可看出三种仿真方法得到的结果基本相同，主要的差别在要求保障率为 0.97 时，经典事件调度法给出的结果为 23，而后两种方法给出的结果为 24. 为此在表 3-5 给出了备件贮备量分别为 17,19,22,23,24,28 时，系统在保障周期内的实际保障率及其 95%置信区间半长. 从中可看出，备件量为 23, 24 时保障率和 0.97 的差别均在小数点第 3 位，因此在仅做 5000 次仿真的条件下，三种算法计算的备件量出现微小差异是正常的.

表 3-4 三种仿真算法得到的备件最优贮备量(N=5000)

仿真算法	0.8	0.85	0.9	0.95	0.97	0.99	CPU(s)
经典调度	16	17	19	22	23	28	0.6309
	16, 16	17, 18	19, 19	21 22	23, 24	27, 29	
归一时钟	16	17	19	22	24	28	0.2012
	16, 16	17, 18	19, 20	22 23	24, 25	27, 29	
标准钟	16	17	19	22	24	28	0.2303
	16, 16	17, 18	19, 19	22 23	24, 25	27, 29	

表 3-5 系统在给定备件量下保障期内的保障率(N=5000)

仿真算法	17	19	22	23	24	28
经典调度	0.857	0.910	0.963	0.972	0.978	0.9916
	9.69e-3	7.98e-3	5.26e-3	4.59e-3	4.08e-3	2.53e-3
归一时钟	0.856	0.908	0.954	0.963	0.972	0.9914
	9.70e-3	8.00e-3	5.82e-3	5.20e-3	4.56e-3	2.56e-3
标准钟	0.856	0.907	0.954	0.963	0.971	0.9918
	9.71e-3	8.02e-3	5.79e-3	5.19e-3	4.62e-3	2.50e-3

从上述结果和分析不难看出，三种仿真方法得到的结果基本相同，这证明了三种样本路径构造算法在概率意义上的等价性. 另外，从 CPU 耗时看，"归一时钟序列法"和"标准钟方法"约为"经典事件调度法"的三分之一，具有明显的优势. 事实上本例只有一个参数集，在多参数集下，由于后两种方法可并发构造样本路径，仿真效率上的优势将更为明显.

3.6 本章小结

DEDS 系统的仿真本质上是抽样出一个广义半 Markov 过程(GSMP)随时间演化的样本曲线. "经典事件调度构造法""极小分布抽样法"和"嵌入泊松流法"分别从不同的角度去看待系统的演化过程，虽然样本路径的构造方式不同，但三种方法在概率意义上等价. 这种特性对仿真算法和程序的正确性检验大有裨益.

对于 Markov 型 DEDS 系统，"极小分布抽样法"和"嵌入泊松流法"要比"经典事件调度构造法"更多地利用了系统的先验知识，实现了时间序列和事件序列之间的解耦，避免了烦琐的时间表维护，降低了仿真程序的复杂性，从而有效地提高了仿真效率，尤其是由上述两种方法衍生出来的"归一时钟序列法"和"标准钟方法"，可在一次仿真中并发构造系统在不同参数集下的多条样本路径，这一点对于并行计算、仿真优化和灵敏度分析均具有重要的价值.

第4章 Markov 型 DEDS 性能评估的 NON-CLOCK 方法

第3章已指出提高随机离散事件动态系统样本路径抽样效率的关键在于更有效地利用对系统的先验知识. 第3章中的"归一时钟序列法"[61]和"标准钟方法"(SC)[57]之所以优于"经典事件调度法",就在于更好地利用了 Markov 系统的先验特性. 本章将给出 Markov 型 DEDS 的一个新的仿真框架,新方法不但具有当前公认的高效率仿真方法——标准钟(SC)方法的所有优点,而且数据的处理更为方便,同时由于结合了条件期望减小方差技巧,其仿真效率和精度均要优于 SC 方法. 新仿真方法的一个鲜明特点是彻底舍弃了传统的"仿真钟",故称为"NON-CLOCK"(NC)方法. 在传统的 DEDS 仿真观念中,仿真钟的推进机制是整个仿真的核心[2-5],舍弃"仿真钟"似乎是一件不可思议的事情,毕竟 DEDS 仿真本质上是一个随机过程的仿真,而随机过程离不开时间. 事实上,NC 方法并非不考虑时间,只是不抽样出时间,它的基本思想是当对系统的性能测度进行估计时,如果知道了时间的统计特性,那么不抽样出时间同样可获得系统的性能测度的估计. 在第3章的相关推导中,已经可以看到 Markov 型 DEDS 相邻事件的时间间隔(或者说状态保持时间)服从参数仅取决于当前状态的指数分布,这意味着时间的统计特性是已知的,因此在性能评估时不抽样出时间,从理论上说是可能的.

NC 方法的基本雏形在文献[61]中已经提出. 需要指出的是,这种不抽样时间序列,通过结合条件期望法来获取系统性能测度估计的思想在其他一些文献,如文献[52]-[54]也都提到过,然而这些算法均未解决普适性问题,仅适用于某些特定的评估问题. 这其中一个根本的困难是当所评估的问题与时间有密切关系时,如果仿真时不抽样出时间,样本路径在何处终止就成了一个大难题. 本章对文献[61]的工作进行了拓展,通过"嵌入泊松流"技术将 Markov 型 DEDS 的仿真转化为 Markov 随机游走过程的仿真,巧妙地解决了普适性问题,形成了系统的 NC 方法.

本章给出 DEDS 性能评估的一般描述,并简要回顾标准钟方法,在此基础上引出 NC 算法及相应的仿真流程. 为了更好地阐述 NC 方法,我们按样本路径终止方式的不同,将 DEDS 仿真划分成四种类型,逐一进行讨论. 之后将通过理论分析和仿真试验对 NC 算法的适用性进行检验,并给出它与标准钟方法的比较.

4.1 DEDS 性能评估问题的一般描述

DEDS 中性能评估问题通常归结于以下形式[55-61]：

$$J(\theta) = E[H(\theta,\omega)] \approx \frac{1}{N}\sum_{i=1}^{N} H(\theta,\omega_i) \tag{4-1}$$

其中，θ 为系统的参数，ω 为系统演化的随机过程，定义在概率空间(样本空间)上，ω_i 为第 i 次仿真的样本路径(曲线)，$H(\theta,\omega_i)$ 为从 ω_i 中提取的样本性能测度，N 为仿真的次数，由大数定理知，当 $N\to\infty$ 时，上述估计式收敛。

从(4-1)式可看出，抽样出系统状态演化的样本路径是性能评估的基础。由于 DEDS 状态转移由事件决定，样本路径可用三元组序列 $\{x_{k-1},e_k,t_k\}$ ($k=1,2,\cdots$) 表示，其中 k 为事件序列计数，t_k 为事件 e_k 发生的时刻，通常称为仿真钟，x_{k-1} 为事件发生前系统的状态。

记 Markov 型 DEDS 的五元组描述用 $\{X,E,f,\Gamma,\Theta\}$ 表示，其中 X 为状态集合，E 为事件集合，$f:X\times E\to X$ 为状态转移函数，$\Gamma(x)$ 为系统在状态 x 下的可行事件集，$\Gamma(x)\subseteq E$，$\Theta=\{\lambda_i\,|\,i\in E\}$ 为系统的参数集。Markov 型 DEDS 的事件生成函数均服从指数分布，λ_i 为事件 i 发生速率。

设系统当前状态为 x_{k-1}，并记

$$\Lambda_{k-1} = \sum_{j\in\Gamma(x_{k-1})} \lambda_j \tag{4-2}$$

在 3.3.2 节已指出，Markov 系统的状态演化过程具有以下特征：

(1) 系统状态转移的规律仅取决于系统当前时刻的状态 x_{k-1}(无后效性)，且可行事件服从下述概率分布

$$P\{e_k = j\,|\,x_{k-1}\} = \frac{\lambda_j}{\Lambda_{k-1}}, \quad j\in\Gamma(x_{k-1}) \tag{4-3}$$

(2) 相邻事件的时间间隔 τ_k 服从参数为 Λ_{k-1} 的指数分布，而 Λ_{k-1} 仅与 x_{k-1} 相关

$$F(\tau_k\,|\,x_{k-1}) = 1 - \exp[-\Lambda_{k-1}\tau] \tag{4-4}$$

上述特征表明 Markov 型 DEDS 事件序列的抽样和时间序列的抽样可以解耦。

当状态 x_{k-1} 给定后，根据概率分布(4-3)可抽样出下一事件 e_k，由(4-4)式可抽样出 e_k 的发生时间 t_k，然后由 e_k 对状态进行更新得到 x_k，重复上述步骤即得到系统演化的样本路径。这种方法在第 3 章中称为"极小分布抽样法"。

概率分布式(4-3)-(4-4)与状态 x_{k-1} 相关，编程实现不太方便，为此可采用第 3 章介绍的"嵌入泊松流"技术。令

$$\Lambda = \sum_{j \in E} \lambda_j \tag{4-5}$$

为所有事件发生率之和. 构造强度为 Λ 的泊松流(即构造时间间隔服从参数为 Λ 的指数分布的时间序列), 对每一个泊松到达事件 e_k, 用下式判断其可能类型

$$P\{e_k = i\} = \frac{\lambda_i}{\Lambda}, \quad i \in E \tag{4-6}$$

确定出 e_k 的可能类型后, 再检查 e_k 是否属于 $\Gamma(x_{k-1})$, 若 $e_k \in \Gamma(x_{k-1})$, 则其为真实事件更新系统状态, 反之则为不可能事件或称为虚拟事件, 不进行状态更新, 仅推进仿真钟.

经过上述"嵌入泊松流"处理后得到的仿真流程称为标准钟方法(Vakili[57]), 强度为 Λ 的泊松流称为标准钟. 标准钟方法本质上是"极小分布抽样法"的取舍抽样实现. 这种方法不但降低了编程的复杂性, 而且避免了繁琐的时钟推进机制, 可有效地提高仿真的效率, 因此在实践中得到广泛的应用[55-60].

4.2 DEDS 仿真时样本路径的终止方式

对于常规仿真方法, 由于抽样了完整的样本路径, 因而对于给定的性能评估问题, 样本路径的终止不是问题, 但对本书中所讨论的 NC 方法, 由于没有抽样出完整的样本路径, 对于评估那些和时间密切相关的性能测度, 必须解决样本路径在何处终止的问题. 在这一节, 首先按样本路径终止方式的不同, 将 DEDS 仿真划分为四种类型. 对任何形式的性能评估问题, 样本路径终止方式都只能是以下四种形式之一:

(1) 仿真终止于系统演化到某个特定的状态子集 α, 简记为 I 型仿真.

典型实例: 通讯网络溢出概率、平均溢出时间评估, 系统可靠性仿真中 MTTF(平均首次失效时间)评估.

(2) 仿真终止于预先设定的时间 T_s, 简记为 II 型仿真.

典型实例: 排队系统任意时刻的瞬时平均队长估计, 排队系统在 $[0, T_s]$ 时间内的平均队长, 系统可靠性仿真中的瞬时可用度评估及区间可用度评估.

(3) 仿真终止于系统演化到某个特定的状态子集 α 或者预先设定的时间 T_s, 简记为 III 型仿真.

典型实例: 系统瞬时可靠度评估.

(4) 稳态型仿真, 简记为 IV 型仿真.

稳态性能测度的估计是性能评估问题中较为广泛的一类问题. 和终止型仿真问题不同, 稳态型仿真没有明确的终止事件, 样本路径的长度由仿真人员根据仿

真精度要求,将样本路径终止于某个人为选定的时间或状态.从样本路径终止这个角度上说,Ⅳ型仿真问题和Ⅰ型仿真或Ⅱ型仿真无本质上的区别.

4.3 NON-CLOCK 方法

在第 3 章已指出"极小分布抽样法"和"标准钟方法"(SC)的成功关键在于很好的利用了 4.1 节中所指出的 Markov 系统的两个特性,即:1)事件序列的产生仅与状态相关并不依赖于时间;2)相邻事件发生的时间间隔服从参数为 $\Lambda(x)$ 的指数分布.对 DEDS 而言,状态转移完全由事件决定,既然事件序列的抽样与时间无关,而相邻事件之间的时间间隔的分布规律又由状态完全确定,这就给我们一个启发:对许多性能评估问题来说,仿真钟可能并非必须,只要充分利用上述特征,不抽样出事件发生的时间序列也能估计出系统的性能测度.这就是 NON-CLOCK(NC) 方法的基本思想.

NC 方法仿真时,仅抽样出系统状态转移的状态——事件序列 $z \equiv [\{x_{k-1}, e_k\}, k=1,2,\cdots]$ (以下称为 Z 序列),然后结合条件期望方法获得系统性能测度的估计.在 NC 仿真框架下,系统性能测度的估计具有如下形式

$$J(\theta) = E\left[E[H(\theta,\omega)|z]\right] \approx \frac{1}{N}\sum_{i=1}^{N} E[H(\theta,\omega)|z_i] \tag{4-7}$$

其中,z_i 为第 i 次仿真得到的 Z 序列,$E[H(\theta,\omega)|z_i]$ 为系统在 z_i 下的平均性能测度.由条件期望的性质[2,61,65]

$$Var\left[E[H(\theta,\omega)|z]\right] = Var[H(\theta,\omega)] - E\left[Var[H(\theta,\omega)|z]\right] \leqslant Var[H(\theta,\omega)] \tag{4-8}$$

因此估计器(4-7)要比估计器(4-1)具有更高的估计精度,而且由于不需要抽样出时间序列,进一步提高了仿真的效率.

基于(4-7)式形式的估计器,需要解决两个问题:1)根据所评估的问题抽样出相应的 Z 序列;2)从抽样出的样本序列 z 中提取 $E[H(\theta,\omega)|z]$.下面分别进行讨论.

4.3.1 构造 Z 序列的基本仿真流程

Z 序列的构造可采用两种方案,一种方案继承自"极小分布抽样法",称为"最小化实现"方案,另一种构造方案继承自"嵌入泊松流方法",称为"均匀化实现"方案.下面分别给出两种实现下的基本仿真流程.

● 最小化实现

Step 1. 产生 $u \sim U(0,1)$

Step 2. 根据 u 和概率分布式(4-3)抽样出下一真实事件 e_k

Step 3. 进行状态更新，$x_k = f(x_{k-1}, e_k)$
Step 4. 转到 Step 1，直到本次仿真结束
Step 5. 求出本次仿真的样本估计量 $E[H(\theta, \omega)|z]$

"最小化实现"得到的 Z 序列为 $z = [(x_{k-1}, e_k), k = 1, \cdots, n]$，其中的 e_k 均为引起系统状态转移的真实事件.

• 均匀化实现

Step 1. 产生 $u \sim U(0,1)$
Step 2. 根据 u 和概率分布式(4-7)抽样出下一游走事件 e_k

$$e_k = i \text{ 当且仅当 } \quad \frac{1}{\Lambda}\sum_{j=1}^{i-1}\lambda_j < u \leqslant \frac{1}{\Lambda}\sum_{j=1}^{i}\lambda_j \tag{4-9}$$

Step 3. 判断游走事件 e_k 是否为真实事件，并进行可能的状态更新
    if $e_k \in \Gamma(x_{k-1})$ {
        游走事件 e_k 为真实 i 事件，状态更新，$x_k = f(x_{k-1}, e_k)$
    else
        游走事件 e_k 为虚拟 i 事件，不进行状态更新
    }
Step 4. 转到 Step 1，直到本次仿真结束
Step 5. 求出本次仿真的样本估计量 $E[H(\theta, \omega)|z]$

上述流程中的游走事件为虚拟事件和真实事件统称."均匀化实现"得到的 Z 序列为 $z = [(x_{k-1}, e_k), k = 1, \cdots, n]$，其中的 e_k 为游走事件.

• 两种实现的补充说明

图 4-1 和图 4-2 直观地给出了 Z 序列两种实现的区别. 在"最小化实现"中，每一个事件均会导致状态转移，得到的 Z 序列为系统演化过程的最小描述. 而在"均匀化实现"中并非每个事件都会导致状态转移，只有真实事件才会导致状态转移.

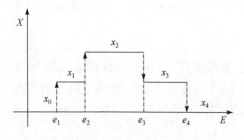

图 4-1 "最小化实现" Z 序列

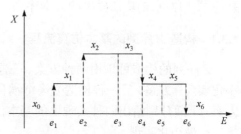

图 4-2 "均匀化实现" Z 序列

"均匀化实现"得到的 Z 序列不是系统演化过程的最小描述，但由于每个游走事件均为强度为 Λ 的泊松到达，简化了 Z 序列的程序实现. 以非最小描述为代价的好处不仅限于此，在后续的讨论中将可以看到，"均匀化实现"Z 序列为 NC 方法的普适性奠定了强有力的理论基础，相比之下"最小化实现"的适用面则要狭窄得多，样本估计量 $E[H(\theta,\omega)|z]$ 的提取也不如"均匀化实现"简捷.

4.3.2 不同仿真类型下 Z 序列的构造

对 Markov 型 DEDS，由于事件和时间之间的解耦性质，在不抽样出时间序列的前提下，并不影响 Z 序列的构造，关键的问题是 Z 序列如何终止？对 I，IV 型仿真，由于仿真的终止仅与状态相关，Z 序列终止并不构成难题，但对 II，III 型仿真，Z 序列的终止却成了问题. 在没有时间信息作为参照的前提下，如何构造 Z 序列，才能恰如其分地反映所得 Z 序列的确终止于设定的仿真终止时间呢？

若采用"最小化实现"构造 Z 序列，上述问题解决起来非常困难，但若采用"均匀化实现"，注意到游走事件为泊松到达这一事实，该问题可以巧妙地予以解决. 以 II 型仿真为例，由于游走事件为强度 Λ 的泊松到达，因此 $[0,T_s]$ 内总的游走事件数服从参数为 $\Lambda \cdot T_s$ 的泊松分布. 只需在每次仿真时，预先抽样出服从参数为 $\Lambda \cdot T_s$ 的泊松分布的随机变量 n，并以第 n 个游走事件作为仿真结束标志，即解决了游走序列终止的难题. 文献[44]-[46]给出了泊松分布随机变量的高效率抽样算法. Visual Numeric 公司著名的 IMSL 库中内置文献[46]的算法.

按照上述思路，我们分别给出了四类仿真终止类型下构造 Z 序列的仿真流程，它们的差别只在于仿真结束的方式不同.

- I 型仿真流程

I 型仿真既可按"最小化实现"也可按"均匀化实现"构造 Z 序列. 具体如下：

(1) 按照 4.3.1 节的基本流程，以系统态演化到 α 集中的状态作为仿真结束标志，构造系统的 Z 序列，并从中提取出 $E[H(\theta,\omega)|z]$；

(2) 进行 N 次仿真，由(4-7)式即可求出性能测度的估计.

- II 型仿真流程

在 II 型仿真下，Z 序列的构造通常只能采用"均匀化实现". 具体如下：

(1) 产生一服从参数为 $\Lambda \cdot T_s$ 泊松分布的随机数 $\tilde{n}$；

(2) 按照 4.3.1 节的基本流程，构造系统的状态游走序列直到事件总数为 $\tilde{n}$；

(3) 进行 N 次仿真，由(4-7)式估计出性能测度.

- III 型仿真流程

在 III 型仿真下，Z 序列的构造同样必须采用"均匀化实现". 具体如下：

(1) 产生一服从参数为 $\Lambda \cdot T_s$ 泊松分布的随机数 $\tilde{n}$；

(2) 按照 4.3.1 节的基本流程，构造系统的状态游走序列直到事件总数为 $\tilde{n}$ 或系统演化到 α 集中的状态；

(3) 进行 N 次仿真，由(4-7)式估计出性能测度.

(4) 必须指出的是，对于Ⅲ型仿真，仿真终止时，实际游走事件数 $n \leqslant \tilde{n}$.

- Ⅳ型仿真流程

在 4.2 节已指出，从 Z 序列的构造和终止的角度上看，Ⅳ型仿真和Ⅰ型仿真或Ⅱ型仿真并无本质上的区别. 它们之间的区别主要在估计器的形式上. 稳态性能评估问题只需进行一次时间足够长的仿真，即可获得系统性能测度的估计，因此估计器的形式和Ⅰ型、Ⅱ型仿真稍有区别. Markov-DEDS 稳态性能测度的估计通常采用再生法或批均值法[2]，具体将在 4.3.4 节讨论.

4.3.3 性能测度的估计

从抽样出的 Z 序列中提取平均样本性能测度 $E[H(\theta,\omega)|z]$，是 NC 算法的核心. 对一个给定的 Z 序列 $z=[\{x_{k-1},e_k\}, k=1,2,\cdots,n]$，平均样本性能测度 $E[H(\theta,\omega)|z]$ 可归结为下述形式：

$$E[H(\theta,\omega)|z] = f(x_0, x_1, \cdots, x_{n-1}, E[\tau_1], E[\tau_2], \cdots, E[\tau_n])|z \qquad (4\text{-}10)$$

其中，$E[\tau_k]$ 为系统在状态 x_{k-1} 的期望逗留时间(亦为相邻事件时间间隔的期望). 也即，平均性能测度为该 Z 序列所经过的状态以及在每个状态的期望逗留时间的函数. 以常见的积分型样本性能测度为例，设

$$H(\theta,\omega) = \int_0^{T_n} h(x)\mathrm{d}t = \sum h(x_{k-1})\tau_k + h(x_n)[T_s - T_n] \qquad (4\text{-}11)$$

其中，T_n 为 Z 序列的终止时间，$h(x)$. 对(4-11)式取数学期望

$$E[H(\theta,\omega)|z] = \sum h(x_{k-1})E[\tau_k] + h(x_n)[T_s - E[T_n]] \qquad (4\text{-}12)$$

对一个给定的 Z 序列，(4-11)式中的状态 x_{k-1} 是已知的确定量，因此提取 $E[H(\theta,\omega)|z]$ 的关键在于能够解析地求出 $E[\tau_k]$. 我们给出如下定理：

定理 4-1 对Ⅰ型仿真，若按"最小化实现"构造 Z 序列，则相邻事件的时间间隔 τ_k 满足

$$E[\tau_k|z] = \frac{1}{\Lambda(x_{k-1})}, \quad k=1,2,\cdots,n \qquad (4\text{-}13)$$

根据(4-4)式，定理 4-1 的成立是显然的. 证明从略.

以积分型样本性能测度为例，当采用"最小化实现"构造 Z 序列时，将定理 4-1 的结论代入(4-12)式，对Ⅰ型、Ⅳ型问题(Ⅳ型视为Ⅰ型特例)：

$$E[H(\theta,\omega)|z] = \sum_{k=1}^{n} h(x_{k-1})/\Lambda(x_{k-1}) \tag{4-14}$$

对于Ⅱ型、Ⅲ型仿真,由于"最小化实现"通常无法处理,不进行讨论.

定理 4-2 若按照"均匀化实现"流程构造 Z 序列,则相邻游走事件的时间间隔 τ_k ($k=1,\cdots,n$)的条件期望为常数,且对Ⅰ型仿真

$$E[\tau_k|z] = \frac{1}{\Lambda}, \quad k=1,2,\cdots,n \tag{4-15}$$

对Ⅱ型、Ⅲ型仿真

$$E[\tau_k|z] = \frac{T}{\tilde{n}+1}, \quad k=1,2,\cdots,n \tag{4-16}$$

其中,$\tilde{n}$ 按Ⅱ型、Ⅲ型仿真流程抽样出的可能的游走事件总数,T 为Ⅱ型、Ⅲ型仿真设定的终止时间(Ⅲ型仿真 Z 序列实际终止时间 $\leq T$).

证明 由于游走事件为泊松型,因此对Ⅰ类问题,相邻事件的时间间隔服从参数为 Λ 的指数分布,故有 $E[\tau_k] = \frac{1}{\Lambda}, k=1,2,\cdots,n$,(4-15)式得证.

对Ⅱ型、Ⅲ类问题,由于每次仿真时,采取的做法是预先抽样出了 $(0,T]$ 可能发生的事件数 n,然后再构造具体的游走路径. 因此按上述流程,虽然事件仍为泊松型,但相邻事件的时间间隔 τ_k 并不服从参数为 Λ 的指数分布. 为了证明(4-17)式,首先给出以下结论:

定理 4-3[2,65] 设 $\{N(t),t\geq 0\}$ 是强度为 Λ 的泊松过程,在区间 $(0,T]$ 内发生 n 起游走事件,即 $N(t)=n$ 的条件下,n 个事件发生的时间 $t_1<t_2<\cdots<t_n$ 为 $(0,T]$ 上均匀分布的 n 个顺序统计量.

定理 4-4 在 $(0,T]$ 时间有 n 个泊松到达的条件下,第 k 个事件发生时刻 t_k 的条件期望为

$$E[t_k|N(t)=n] = \frac{k}{n+1}T, \quad k=1,2,\cdots,n \tag{4-17}$$

相邻事件间的间隔 $\tau_k = t_k - t_{k-1}$ 的条件期望为

$$E[\tau_k|N(t)=n] = \frac{1}{n+1}T, \quad k=1,2,\cdots,n \tag{4-18}$$

证明 由顺序统计量的性质[71],并结合定理 4-3,第 k 个事件发生时刻 t_k 的概率密度函数具有如下形式:

$$f_k(t) = \frac{n!}{(k-1)!(n-k)!} \frac{t^{k-1}}{T^k}\left[1-\frac{t}{T}\right]^{n-k}, \quad t\in[0,T] \tag{4-19}$$

从而

$$E[t_k \mid N(t) = n] = \int_0^T t f_k(t) \mathrm{d}t$$

$$= T \frac{n!}{(k-1)!(n-k)!} \int_0^T \left(\frac{t}{T}\right)^k \left[1 - \frac{t}{T}\right]^{n-k} \mathrm{d}\left(\frac{t}{T}\right)$$

$$= T \frac{n!}{(k-1)!(n-k)!} B(k+1, n-k+1) \quad (B \text{ 为贝塔函数})$$

$$= \frac{k}{n+1} T$$

由条件期望的性质[65,71]

$$E[\tau_k \mid N(t) = n] = E[t_k - t_{k-1} \mid N(t) = n] = \frac{T}{n+1}, \quad k = 1, 2, \cdots, n \tag{4-20}$$

定理 4-4 得证.

定理 4-4 的结论自动完成了定理 4-2 中(4-16)式的证明.

定理 4-2 表明,采用"均匀化实现" NON-CLOCK 算法,$E[\tau_i]$ 为常数,这给数据处理带来了很大的方便. 以积分型样本性能测度为例,将定理 4-2 的结论代入(4-12)式,则对 I 型、IV 型问题(IV 型视为 I 型特例)有

$$E[H(\theta, \omega) \mid z] = \frac{1}{\Lambda} \sum_{k=1}^{n} h(x_{k-1}) \tag{4-21}$$

对 II 型仿真有

$$E[H(\theta, \omega) \mid z] = \frac{T_s}{n+1} \sum_{k=1}^{n+1} h(x_{k-1}) \tag{4-22}$$

对 III 型仿真有

$$E[H(\theta, \omega) \mid z] = \frac{T_s}{n+1} \sum_{k=1}^{q} h(x_{k-1}), \quad q = \begin{cases} n, & T_\alpha \leqslant T_s \\ \tilde{n}+1, & T_\alpha > T_s \end{cases} \tag{4-23}$$

(4-21)-(4-23)式中 T_α 表示系统演化到 α 状态子集的时刻,n 为仿真终止时的游走事件数,$\tilde{n} \geqslant n$ 为 III 型仿真流程中的预估游走事件数.

4.3.4 稳态性能测度的估计

从样本路径终止的角度上说,IV 型仿真问题和 I 型仿真或 II 型仿真无本质上的区别,数据的处理方式也类似. 由稳态过程的各态历经性,稳态性能测度只需进行一次时间足够长的仿真,即可获得系统性能测度的估计. 稳态性能测度通常归结于以下形式:

$$J(\theta) = \left[\lim_{T \to \infty} \frac{1}{T} \int_0^T h(\theta, x) \mathrm{d}t\right] \omega = \lim_{T \to \infty} \frac{1}{T} E\left[\int_0^T h(\theta, x) \mathrm{d}t \mid z\right] \tag{4-24}$$

其中，$h(\theta,x)$ 为状态和系统参数的实函数. $|\omega$，$|z$ 表示在一条足够长的样本路径或 Z 序列下的结果. 对于 Markov-DEDS 稳态性能测度的估计可采用批均值法和再生法[2].

• 批均值法

首先从 0 时刻开始仿真直到系统近似进入稳态，记到此时的时间为 t_0 (可用 Welch 方法[2]确定)，然后人为确定一个足够长的时段 $[t_0, t_0+T]$，将该时段均匀划分为 N 段，每段时长记为 $T_N = T/N$，通常 N 取 10~30. 从 t_0 开始依次仿真 T_N 时间，每一 T_N 时间段内，按照 II 型仿真流程构造 Z 序列. 记第 i 段的仿真子样为

$$J_i(\theta) = \frac{1}{T_N} E\left[\int_{t_{i-1}}^{t_i} h(\theta, x) dt \mid z_i\right], \quad t_i = t_0 + iT/N \tag{4-25}$$

只要 T 足够大，则 $J_i(\theta)(i=1,2,\cdots,N)$ 近似服从正态分布，由此即可确定出系统性能测度 $J(\theta)$ 的估计及其置信区间. 显然，批均值框架下的稳态型仿真可视为 II 型终止型仿真的特例.

• 再生法

对于 Markov-DEDS，估计稳态性能测度更高效的方法是采用再生法仿真. 对 Markov 来说，再生状态的选择比较容易，原则上任何遍历状态均可选为再生状态. 再生法仿真通常较其他方式具有更好的估计精度[2]. 此时，性能测度具有以下形式：

$$J(\theta) = \frac{E\left[\int_0^T h(\theta, x) d\tau\right]}{E[T]} = \frac{E\left[E\left[\int_0^T h(\theta, x) d\tau \mid z\right]\right]}{E[E[T \mid z]]} \tag{4-26}$$

其中，T 为再生周期，$h(\theta,\cdot)$ 为系统状态的函数，z 为再生周期内的 Z 序列.

只需进行一次长度为 N 个再生周期的仿真，每个再生周期内按照 I 型仿真流程构造 Z 序列，最后分别估计(4-26)式中的两个均值，即可估计出 $J(\theta)$. 再生法仿真框架下，稳态系统的仿真显然为 I 型仿真的特例.

估计器(4-26)在具体实现时，可采用两种策略. 通常的做法是在一个再生周期内，同时提取出样本性能测度 $E[T \mid z]$ 和 $E\left[\int_0^T h(\theta, x) d\tau \mid z\right]$，此时估计公式为

$$\hat{J}(\theta) = \frac{\sum_{i=1}^{N} E\left[\int_0^T h(\theta, x) d\tau \mid z\right]}{\sum_{i=1}^{N} E[T \mid z]} \tag{4-27}$$

这种处理方法对 Z 序列的利用较为充分，但由于仿真所采用的随机数发生器产生的并非严格意义上的随机数而是"伪随机数"，在仿真实践中有时会发现估计结果

就像包含"系统误差"一样,虽然已经收敛,却总存在一些偏差.

另一种实现策略是前 n 个再生周期估计 $E\left[\int_0^T h(\theta,x)\mathrm{d}\tau\right]$,后 m 个再生周期估计 $E[T]$. 相应的估计公式变为

$$\hat{J}(\theta) = \frac{\frac{1}{n}\sum_{i=1}^{n} E\left[\int_0^T h(\theta,x)\mathrm{d}\tau \mid z\right]}{\frac{1}{m}\sum_{i=1}^{m} E[T\mid z]} \tag{4-28}$$

这种实现策略,样本信息的利用不够充分,但比较灵活,在某些特定的场合如第 5 章将要介绍的重要抽样方法更为有用. 此外,这种实现策略下,前述"系统误差"效应通常能够得到较好的遏制.

上述两种实现策略下的置信区间估计详见 7.1 节.

4.4 算法适用性检验

以下我们以 $M/M/1/K$ 队列为研究对象,来验证 NON-CLOCK(NC)方法的适用性. 以 $M/M/1/K$ 队列为研究对象的原因是这类系统在应用中比较具有代表性,理论分析亦非常完善(见文献[63]),用来确认仿真算法的有效性非常合适. 设顾客到达时间和服务时间分别服从参数为 λ,μ 的指数分布,取队长作为系统的状态变量,记事件"1"为顾客到达事件,事件"2"为顾客离去事件,$M/M/1/K$ 系统的五元组描述为

$$X = \{0,1,2,\cdots,\}, \quad E = \{1,2\} \tag{4-29}$$

$$\Theta = \{\lambda,\mu\}, \quad f(x,e) = \begin{cases} x+1, & e=1 \\ x-1, & e=2 \end{cases} \tag{4-30}$$

可行事件集 $\Gamma(x)$ 与所评估的指标有关,有两种形式:

$$\Gamma(x) = \begin{cases} \{1,2\}, & x>0 \\ \{1\}, & x=0 \end{cases} \quad \text{或} \quad \Gamma(x) = \begin{cases} \{1\}, & x=0 \\ \{1,2\}, & 0<x<K \\ \{2\}, & x=K \end{cases} \tag{4-31}$$

若所估计指标为系统溢出相关指标,取前一种形式,否则取后一种形式.

文中设计了四个性能评估问题,这四个问题正好涵盖了 DEDS 的四种仿真类型. 仿真时取 $\Lambda = \lambda + \mu$ 作为嵌入泊松流的强度,然后按文中给出的仿真算法评估下述四个问题. 仿真程序运行的硬件平台为 Intel PIV 1.6G,内存 128MB.

在下述算例中,重点将 NC 方法的评估结果和解析解以及目前公认的高效率

仿真算法标准钟(SC)方法的评估结果进行比较. 考虑到 Monte Carlo 方法的精度按平方根收敛, 定义两种仿真算法的仿真效率比 ER 为[74]

$$ER_i = \frac{t_{SC}[CI90]_{SC}^2}{t_i[CI90]_i^2}, \quad i \in \{SC, NC\} \tag{4-32}$$

其中, t 为算法所占用的 CPU 时间, CI90 为 90%置信区间半长.

4.4.1 $M/M/1/K$ 系统平均首次溢出时间的估计

溢出时间 T_F 定义为在初始队列为空的条件下, 队长超出队列容量 K 所需的时间, 为一随机变量. 平均首次溢出时间是反映通信系统可靠性的重要指标 (Gassandras 等[56]).

该评估问题属于 I 型仿真问题, 所评估指标为溢出相关指标, $\Gamma(x)$ 取前一形式. 按"均匀化实现"仿真流程, 构造 Z 序列, 直到队长超出 K. 设第 i 次仿真得到的游走序列为 $z_i = [\{x_{k-1}, e_k\}, k=1, \cdots, n]$, 则由定理 4-2 知本次仿真

$$E[T_F | z_i] = \frac{n}{\Lambda} \tag{4-33}$$

对系统进行 N 次仿真, 由(4-7)式即得到平均首次溢出时间的无偏估计.

该评估问题也可用"最小化实现"构造 Z 序列, 设第 i 次仿真得到的游走序列为 $z_i = [\{x_{k-1}, e_k\}, k=1, \cdots, m]$, 由定理 4-1 知

$$E[T_F | z_i] = \sum_{k=1}^{m} [\Lambda(x_{k-1})]^{-1} \tag{4-34}$$

其他的计算和"均匀化实现"相同.

表 4-1 给出了基于"均匀化实现"的 NC 方法和 SC 方法对一组算例得到的评估结果. 表中 EST 项为估计结果, ER 为仿真效率比. 从表中可看出, 同样的仿真次数下, NC 方法的估计结果更为准确, 且仿真效率约是 SC 方法的 2.3 倍.

表 4-1 $M/M/1/K$ 系统平均首次溢出时间估计

算法	EST	CI90	CPU(ms)	ER
	$\lambda=0.6$, $\mu=1.0$, $K=7$, 3000 次仿真			
NC	346.09	9.86	171	2.3
SC	358.38	10.33	359	1
理论解	345.86			

4.4.2 $M/M/1/K$ 瞬时溢出概率的估计

系统 t 时刻的溢出概率定义为, 在初始队列为空的条件下, $[0, t]$ 时间内队长

超出队列容量 K 的概率. 这是一个典型的Ⅲ类仿真,所评估指标为溢出相关指标,$\Gamma(x)$ 取前一形式. 按"均匀化实现"构造 Z 序列,并进行 N 次仿真,每次仿真若系统未溢出则记为 0,反之记为 1,将 N 次仿真的结果代入(4-7)式,即得到时刻 t 系统溢出概率的无偏估计.

表 4-2 给出了 NC 方法和 SC 方法对一组算例的仿真结果,二者的对比显示了 NC 方法的优越性.

表 4-2 $M/M/1/K$ 系统瞬时溢出概率估计

$\lambda=0.6$,$\mu=1.0$,$K=7$,$t=700$,3000 次仿真

算法	EST	CI90	CPU(ms)	ER
NC	87.0%	1.0%	141	2.8
SC	86.5%	1.1%	328	1
理论解		87.1%		

4.4.3 $M/M/1/K$ 系统 $[0,T]$ 时间内平均队长的估计

$M/M/1/K$ 系统 $[0,T]$ 时间内平均队长定义为

$$E[\tilde{L}] = \frac{1}{T}E\left[\int_0^T x(t)\mathrm{d}t\right] \tag{4-35}$$

该评估问题属于Ⅱ型仿真,所评估指标为非溢出类指标,$\Gamma(x)$ 取后一形式. 设初始队列为空,按"均匀化实现"构造序列,假定第 i 次仿真的 Z 序列为 $z_i = [\{x_{k-1}, e_k\}, k=1,\cdots,n]$,则由定理 4-2 得

$$E[\tilde{L}|z_i] = \frac{1}{n+1}\sum_{k=1}^{n+1} x_{k-1} \tag{4-36}$$

对系统进行 N 次独立仿真,将每次仿真得到的结果代入(4-7)式,即得到平均 $E[\tilde{L}]$ 的无偏估计. 表 4-3 给出了 NC 方法和 SC 方法对一组算例的仿真结果,二者的对比同样显示了 NC 方法的优越性.

表 4-3 $M/M/1/K$ 系统 $[0,T]$ 内平均队长估计

$\lambda=0.8$,$\mu=1.0$,$K=7$,$t=60$,3000 次仿真

算法	EST	CI90	CPU(ms)	ER
NC	2.166	0.025	39	2.5
SC	2.154	0.026	91	1
理论解		2.162		

4.4.4　$M/M/1/K$ 系统稳态平均队长

这是一个Ⅳ型仿真问题，所评估指标为非溢出类指标，$\Gamma(x)$ 取后一形式. 取队列为空作为再生状态，对系统进行一次长度为 N 个再生周期的仿真. 采用"均匀化实现"构造 Z 序列，设第 i 个再生周期内的 Z 序列为 $z=[\{x_{k-1},e_k\},k=1,2,\cdots,n(i)]$，$n(i)$ 为 Z 序列的长度(再生周期内游走事件总数). 则由定理4-2和(4-26)式，有

$$E[L] = \frac{E\left[\int_0^T x_{k-1}\mathrm{d}t\right]}{E[T]} \approx \frac{\sum_{i=1}^N \sum_{k=1}^{n(i)}[x_{k-1}/\Lambda]}{\sum_{i=1}^N \sum_{j=1}^{n(i)}[1/\Lambda]} = \frac{\sum_{i=1}^N \sum_{k=1}^{n(i)} x_{k-1}}{\sum_{i=1}^N n(i)} \tag{4-37}$$

其中 T 为再生周期.

由于采用了再生法仿真，Z 序列的构造亦可采用"最小化实现". 此时，相应的估计公式为

$$E[L] = \frac{E\left[\int_0^T x_{k-1}\mathrm{d}t\right]}{E[T]} \approx \frac{\sum_{i=1}^N \sum_{k=1}^{n(i)}[x_{k-1}/\Lambda(x_{k-1})]}{\sum_{i=1}^N \sum_{k=1}^{n(i)}[1/\Lambda(x_{k-1})]} \tag{4-38}$$

表4-4给出了"均匀化实现"NC方法和SC方法对一组算例的仿真结果. 从表中可看出，NC方法的仿真效率比SC提高了近10倍，这是因为稳态型仿真的工作量相对较小(仅需进行一次仿真)，这样一来时间序列抽样所占CPU时间的比例相对较大(时间抽样需要进行对数运算)，所以无需抽样时间序列的 NC 方法就有了明显的优势.

表 4-4　$M/M/1/K$ 系统稳态平均队长估计

算法	EST	CI90	CPU(ms)	ER
$\lambda=0.84$, $\mu=1.0$, $K=7$, 3000 个再生周期				
NC	2.602	0.095	1	11.4
SC	2.725	0.107	9	1
理论解	2.614			

4.5 NC 方法的扩展

4.5.1 并发构造多参数集下的样本路径

和 SC 方法类似，NC 可以构造出不同参数集下的多条样本路径，从而系统在不同参数集下的性能测度可以同时得到，这一点对评估系统参数对性能测度的影响以及参数优化非常有用. 设系统的特征参数集有 M 种可能的配置，记为 $\{\lambda_i^m, i\in E\}, m=1,2,\cdots,M$. 用 NC 方法并发构造 M 条 Z 序列的仿真流程如下：

- 均匀化实现

Step 1. 产生 $u \sim U(0,1)$

Step 2.   for j=1 to M do {

Step 3. 根据 u 和概率分布式(4-7)抽样出下一游走事件 e_k^j

Step 4. 判断 e_k^j 是否为真实事件，并进行可能的状态更新

   if $e_k^j \in \Gamma(x_{k-1})$ {

      状态更新，$x_k^j = f(x_{k-1}^j, e_k^j)$

   else

      e_k 为虚拟事件，不进行状态更新

   }

}

Step 5. 转到 Step 1，直到仿真结束

Step 6. 求出本次仿真的样本统计量 $E[L(\theta,\omega)|z]^j$, $j=1,2,\cdots,M$

- 最小化实现

Step 1. 产生 $u \sim U(0,1)$

Step 2.   for $j = 1$ to M do {

Step 3. 根据 u 和概率分布式(4-3)抽样出下一事件 e_k^j

Step 4. 状态更新，$x_k^j = f(x_{k-1}^j, e_k^j)$

   }

Step 5. 转到 Step 1，直到仿真结束

Step 6. 求出本次仿真的样本统计量 $E[L(\theta,\omega)|z]^j$, $j = 1,2,\cdots,M$

4.5.2 系统可靠度估计的 I 型仿真方案

系统任意时刻 t 的可靠度估计是 DEDS 性能评估中非常典型的一类问题. 这一类问题的仿真通常归类于Ⅲ型仿真，仿真流程已经在 4.3.2 节给出，4.4.2 节给

出了一个具体的例子. 由于每次仿真系统要么失效, 记为 1, 要么不失效, 记为 0, 故按Ⅲ型仿真算法对应的估计器为 0-1 估计器.

这一类的问题也可转化为Ⅰ型仿真. 具体的方案为: 按"均匀化实现"仿真流程构造 Z 序列, 直至系统失效. 设第 i 次仿真得到的游走序列为 $z=[\{x_{k-1},e_k\},k=1,2,\cdots,n]$, 注意到Ⅰ型 NC 仿真中相邻游走事件的时间间隔 $\tau_i(i=1,\cdots,n)$ 服从参数为 $\varLambda$ 的指数分布, 则本次仿真

$$T_c|z=\sum_{k=1}^{n}\tau_i \sim \Gamma(n,\varLambda) \quad (此处 \Gamma 表示 Gamma 分布) \tag{4-39}$$

故本次仿真系统在 t 时刻失效的概率为

$$F_z(t)=P\{T_c \leqslant t|z\}=1-\sum_{k=0}^{n-1}\frac{(\varLambda t)^k}{k!}e^{-\varLambda t} \tag{4-40}$$

上式可直接利用现成的统计包求解. 当 n 较大时, Γ 分布可用正态分布近似

$$F_z(t) \approx \Phi\left\{\frac{\varLambda t-n}{\sqrt{n}}\right\} \tag{4-41}$$

对系统进行 N 次仿真, 即得到系统不可靠度的无偏估计.

$$F(t)=E[F_z(t)] \approx \frac{1}{N}\sum_{i=1}^{N}F_{zi}(t) \tag{4-42}$$

估计器(4-42)比 0-1 估计器更好地利用了样本信息, 通常具有更好的估计精度. 另外, 在估计一批时间点上的可靠度时, 估计器(4-42)仅需将时间 t 加以改变, 而 0-1 估计器需重新构造状态游走序列. 估计器(4-42)不足之处在于计算时容易受到数值精度的影响, 利用设计优良的统计包可减小数值方面的影响.

由于转化成了Ⅰ型问题, 原则上也可采用"最小实现"构造 Z 序列, 但由于最小实现时, 相邻事件的时间间隔不服从相同的指数分布, $F_z(t)$ 的计算将变得非常困难, 仅在一些特殊的条件下才可能提取出 $F_z(t)$. 文献[61]以及本章随后的 4.6.3 节给出了若干通过 Laplace 反变换求 $F_z(t)$ 的例子.

表 4-5 给出了基于估计器(4-42)的 $M/M1/K$ 系统瞬时溢出概率估计及其 90%置信区间. 表中 EST 为估计结果, CI90 为 90%置信区间半长. 仿真结果和解析解的对比验证了该估计器的适用性.

表 4-5 *M/M*1/*K* 系统瞬时溢出概率估计

		$\lambda=0.6, \mu=1, K=7, 3000$ 次仿真					
	T	100	300	500	700	900	1100
NC(%)	EST	23.4	57.8	77.1	87.0	92.9	96.1
	CI90	1.3	1.5	1.3	1.0	0.8	0.6
解析解(%)		23.8	57.9	76.7	87.1	92.9	96.1

4.5.3 Ⅱ型仿真的另一种估计器

Ⅱ型仿真也是实际应用中比较典型的一类问题. 对Ⅱ型仿真，可利用下述方式构造一种新的估计器. 该估计器的设计思路如下：每次仿真均抽样出固定长度的游走事件数 m. m 的选择应使得 $[0,T]$ 时间内游走事件的总数大于 m 的概率小于 ε. ε 是仿真者设定的精度指标，为一非常小的正数. 该估计器结构如下：

$$J(\theta) = E[S(z)] \approx \frac{1}{N}\sum_{i=1}^{N} S(z_i) \qquad (4\text{-}43)$$

其中，z 为仿真得到的状态游走序列，N 为仿真次数，$S(z)$ 形式如下：

$$S(z) \equiv \sum_{k=0}^{m} E[H(\theta,\omega)|z(k)] \frac{(\Lambda T_s)^k}{k!}\exp(-\Lambda T_s) \qquad (4\text{-}44)$$

其中，$z(k)$ 为游走事件总数为 k 时的状态游走序列.

证明 采用 NC 算法构造状态游走序列时，事件为泊松到达，故 T_s 时间内发生 k 起游走事件的概率为

$$P\{N(T_s) = k\} = \frac{(\Lambda T_s)^k}{k!}\exp(-\Lambda T_s) \qquad (4\text{-}45)$$

记发生 k 起事件下，所有可能的 Z 序列为 $z(k)$，则有

$$J(\theta) = \sum_{k=0}^{\infty} E[J(\theta)|z(k)] P\{N(T_s)=k\} \qquad (4\text{-}46)$$

其中 $J(\theta)|z(k) \equiv E[L(\theta,\omega)|z(k)]$.

将(4-46)式中 $P\{N(T_s)=k\}$ 移至期望符号内，并交换求期望和求和的次序，得到

$$J(\theta) = E\left[\sum_{k=0}^{\infty}[J(\theta)|z(k)]P\{N(T_s)=k\}\right]$$

$$\approx E\left[\sum_{k=0}^{m}[J(\theta)|z(k)]P\{N(T_s)=k\}\right] = E[S(z)] \qquad (4\text{-}47)$$

证毕.

较之典型的Ⅱ型仿真算法，该估计器较好的利用了状态游走的样本信息，并且无需产生泊松分布的随机数，其不足之处在于需要预先构造一个泊松分布表 $P\{N(T_s)=k\}, k=0,1,\cdots,m$，当 ΛT_s 较大时，内存占用较大，而且计算精度受数值运算精度的影响较大.

表4-6给出了基于估计器(4-47)的 M/M/1/K 系统 $[0,T]$ 内平均队长估计及其90%置信区间. 仿真时取 $\varepsilon = 5\times 10^{-6}$. 表中 EST 为估计结果，CI90 为90%置信区间半长，m 为在给定 ε 下，$[0,T]$ 时间内最大可能游走事件数. 仿真结果和解析解的对

比验证了该估计器的适用性.

表 4-6 $M/M/1/K$ 系统 $[0,T]$ 内平均队长估计

$\lambda=0.8$, $\mu=1$, $K=7$, 3000 次仿真

	T_s	10	20	30	40	60	80
NC	EST	1.346	1.740	1.928	2.056	2.166	2.217
	CI90	0.030	0.032	0.031	0.029	0.025	0.023
	m	40	65	89	113	156	206
解析解		1.332	1.746	1.942	2.050	2.162	2.218

4.5.4 提高 Z 序列"均匀化实现"效率的技巧

均匀化实现框架下的 NC 方法，具有程序实现简练、数据提取方便和适用于任意评估问题的优点，是仿真时首选的 Z 序列构造方案. 与上述优点并存的不足是，所得 Z 序列不是系统状态转移过程的最小描述，序列中存在一些虚拟事件. 当 $\Lambda(x)/\Lambda \approx 1$ 时，虚拟事件的影响很小，对于多数的评估问题，上述条件通常能够满足，但对某些特殊的评估问题，在一些特定的状态下，可能会有 $\Lambda(x)/\Lambda \ll 1$. 以 $M/M/1/K$ 排队系统为例，若 $\lambda \ll \mu$，则当系统为空（0 状态）时，有 $\Lambda(0)/\Lambda = \lambda/(\lambda+\mu) \ll 1$，此时在产生一个真实的到达事件之前会产生大量的虚拟事件，影响到仿真的效率.

对于 I 型仿真，可采用"最小化实现"构造 Z 序列以避免该问题，但这种处理方案不适用于 II 型、III 型仿真问题. 下面给出一个基于几何分布抽样的解决方案：

设在状态 x 下，有 $\Lambda(x)/\Lambda \ll 1$. 注意到在均匀化实现框架下，系统在 x 状态时，发生一次真实状态转移所需要的总游走事件的次数 m 服从参数为 $p = \Lambda(x)/\Lambda$ 的几何分布，即

$$P\{m=k\} = (1-p)^{k-1} p, \quad k=1,2,\cdots \quad (4\text{-}48)$$

因此，当系统处于 x 状态时，只需直接产生一个几何分布随机数 m，并在第 m 次游走后进行状态转移. 其中 m 可用下式产生：

$$m = \lfloor \ln u / \ln(1-p) \rfloor + 1, \quad u \sim U(0,1) \quad (4\text{-}49)$$

第 m 次游走事件的类型根据概率分布式(4-3)抽样.

上述处理方法仅通过 2 次简单的抽样，就可确定出游走事件的次数以及最后的真实转移事件，大大提高了 $\Lambda(x)/\Lambda \ll 1$ 时，均匀化 Z 序列的生成效率.

表 4-7 给出了 $M/M/1/5$ 队列，在 $\lambda=0.1$，$\mu=1$，$t=2400$ 条件下，系统不溢出概率的估计．表中 NC(0)为原始的 Z 序列"均匀化实现"，NC(1)为采用几何分布抽样的加速"均匀化实现"．从表中可看出，后者的 CPU 时间占用有了明显的降低，仿真效率约为前者的 2.6 倍，而且所得评估结果也更接近理论值．

表 4-7　$M/M/K$ 系统溢出概率估计

$\lambda=0.1$，$\mu=1.0$，$K=5$，$t=2400$，20000 次仿真

算法	EST	CI90	CPU(s)	ER
NC(0)	2.26e-3	5.81e-4	3.390	1
NC(1)	2.09e-3	5.32e-4	1.546	2.62
理论解		1.94e-3		

4.6　应 用 举 例

4.6.1　最优贮备问题

考虑第 3 章给出的 $n:k(m)$ 型交叉贮备系统最优贮备问题．设某单位有 50 套同型电子设备处于值班状态，设备的故障率服从 $\lambda=2\times 10^{-4}\text{h}^{-1}$ 的指数分布，失效设备由 2 名维修员负责维修，维修时间服从 $\mu=0.005\text{h}^{-1}$ 的指数分布，维修模式为一旦有设备失效按 FIFO 规则立即对失效件展开维修．该电子装备的更新补充周期为 $T=5000\text{h}$，求系统在这期间设备保障率 R 不低于 0.8，0.85，0.9，0.95，0.97，0.99 所需的最优备件储备量．

按照 3.5 节给出的策略仿真最优贮备量．由于每次仿真要求终止于保障周期 T，因此该评估问题属于 Ⅱ 型仿真问题，按照 4.3.2 中的流程即可得到满足要求的 Z 序列．对系统进行 N 次仿真，每次得到的最优贮备量的一个子样 S_i，按 3.5 节的处理方法，即可求出备件最优贮备量的估计及其置信区间．

表 4-8 给出了 NC 方法和归一时钟法以及标准钟方法的比较结果．所用计算机 CPU 为 Intel Centrino 1.5．表中 CPU 项为计算机 CPU 耗时．评估结果中首行为备件最优贮备量的估计，次行为 95%置信上、下限．可以看出三种方法得到的结果是一致的，但在要求保障率为 0.99 时，NC 方法所得最优备件量比后两种方法少一个．另外在要求保障率为 0.95，0.97 时，95%置信上、下限稍有不同，为此将争议处的估计保障率列于表 4-9，表中首行为估计保障率，次行为 95%置信区间半长．从表 4-9 可看出，在有争议的备件量处，估计保障率和要求保障率非常接近，差别小于千分之四，在 5000 次仿真的情况下，出现上述争议

是正常的.

综合上述结果和分析可看出, NC 方法和其他两种方法的评估结果是一致的, 这证明了 NC 方法的适用性. 同时表 4-8 表明, NC 方法的 CPU 耗时约为另外两种高效率仿真方法的一半, 而表 4-9 则验证了由于结合了条件期望减小方差技巧, NC 方法得到的置信区间半长小于后两种仿真方法.

表 4-8 三种仿真算法得到的备件最优贮备量(N=5000)

仿真算法	0.8	0.85	0.9	0.95	0.97	0.99	CPU(s)
NC	16	17	19	22	24	27	0.1009
	16, 16	17, 18	19, 19	21 22	23, 24	26, 28	
归一时钟	16	17	19	22	24	28	0.2012
	16, 16	17, 18	19, 20	22 23	24, 25	27, 29	
SC	16	17	19	22	24	28	0.2303
	16, 16	17, 18	19, 19	22 23	24, 25	27, 29	

表 4-9 系统在给定备件量下保障期内的保障率(N=5000)

仿真算法	21	22	23	24	26	27	28
NC	0.946	0.957	0.969	0.975	0.988	0.990	0.9928
	6.24e-3	5.46e-3	4.83e-3	4.31e-3	3.07e-3	2.76e-3	2.34e-3
归一时钟	0.943	0.954	0.963	0.972	0.985	0.989	0.9914
	6.43e-3	5.83e-3	5.20e-3	4.56e-3	3.32e-3	2.92e-3	2.56e-3
SC	0.941	0.954	0.964	0.971	0.984	0.989	0.9918
	6.52e-3	5.79e-3	5.19e-3	4.62e-3	3.52e-3	2.94e-3	2.50e-3

4.6.2 k-out-of-n(F)C 系统的可靠性评估

k-out-of-n(F)C 亦称为 consecutive k-out-of-n(F)系统, 由 n 个独立部件依次串行(依直线)排列而成. 系统失效, 当且仅当 n 中有 k 个相邻的部件失效(程侃[50], Kumar 等[72]). k-out-of-n(F)C 系统是可靠性工程中非常著名的典型系统. 该系统可用来描述许多现实的物理系统, 如输油管系统和通讯中继系统. 在输油管系统中, 当某个加压泵发生故障时, 上一级的泵仍可将油送出, 但若相邻的两个或以上加压泵出了问题, 则系统将不能正常工作. 通讯中继系统是另一个典型的例子, 为了保障通讯可靠性, 一个中继站故障时, 依靠相邻的中继站仍可保持通讯畅通, 但若相邻的两个或以上中继站故障时, 通讯可能就要中断. 由于近年来, 通讯技术的快速发展, k-out-of-n(F)C 及其扩展系统的可靠性评估问题很受关注.

k-out-of-n(F)C 系统之所以出名,除了在实践中的广泛存在外,主要的原因是这类看似简单的系统,其可靠性评估非常困难. 静态 k-out-of-n(F)C 系统的可靠性问题(即部件的可靠度视为常数),目前已经解决(见文献[50]),但动态可修 k-out-of-n(F)C 系统的可靠性评估问题(即部件服从某个连续寿命分布,且部件失效后可维修),至今仍未得到很好的解决,仿真目前是系统可靠性定量评估的唯一手段. 考虑如下的算例:

设有 12 颗小卫星构成的 k-out-of-n(F)C 通信中继系统,该系统有 2 个独立的地面维护站,小卫星的转发故障率服从参数为 λ 的指数分布,对故障的维修服从参数为 μ 的指数分布,但相邻的 3 颗卫星均不能正常工作时,通讯保障失效,假定小卫星失效后,无备用星,求系统平均首次失效时间.

表 4-10 给出了 3 组不同参数下,系统的平均首次失效时间的估计及其 90%置信区间半长. 由于无解析结果作为参照,采用贯序方案控制仿真精度(见第 7 章),直到置信区间半长比上估计量小于 1%. 表中的结果约为 40000 次仿真的结果,并以 NC 方法和 SC 方法的结果互为比较,二者结果在千分之六以内. 表中 ER 为 NC 相对于 SC 方法的仿真效率比. 利用 SC 和 NC 方法均可并发构造样本路径(或 Z 序列)的特点,表中的结果可并发得到.

表 4-10 k-out-of-n(F)C 系统平均首次失效时间的估计

[λ,μ]	NC	SC	ER
[0.001, 0.01]	4005.2 ± 31.25	3981.8 ± 31.47	1.58
[0.002, 0.02]	2002.8 ± 15.62	1984.4 ± 15.75	1.58
[0.002, 0.01]	780.3 ± 5.18	781.8 ± 5.34	1.57

4.6.3 电力系统安全性评估

安全问题一直是电力系统研究的重要方向. 电力系统灾难性事故在全世界范围内层出不穷且时呈频繁发生的趋势[73],一方面向从未停止过自身完善的系统安全运行提出严峻挑战;另一方面也宣示了专门针对性研究的必要性和急迫性. 电力系统的安全性评估存在几个根本性能的难题. 其一,系统规模较大,拓扑结构复杂. 其二,电力系统是包含连续状态变化和离散事件(如保护动作、故障事件)的复杂混合系统. 离散的突发外部事件和电网的物理状态存在复杂的交互关系,并且往往是造成系统连锁反应至崩溃的主要原因. 这类系统目前还没有简洁的数学模型,采用蛮力仿真代价高昂. 其三,安全性评估本身属于小概率事件的评估,为了得到可信的评估结果,需要进行海量仿真,而每一次的混合系统仿真本身的

第 4 章　Markov 型 DEDS 性能评估的 NON-CLOCK 方法

代价就很高，不进行特别处理的话，总的工作量将达到天文程度．

在作者参与的电力系统安全性研究中，我们进行了一些新的尝试．注意到电力系统的崩溃往往是由外部的一些突发恶性事件造成的，例如，主输电线路的三相接地短路故障．这类事件具有小概率、高风险的特点，研究系统在这类事件下的安全性具有重要的价值．在我们的研究中，采用双概率指标来描述系统的安全性：

(1) 系统在短时间内遭遇若干外部恶性突发事件的概率；
(2) 系统在短时间内遭遇恶性突发事件后崩溃的概率．

这里的短时间定义为，时间尺度短到来不及进行任何修复，同时又比系统的暂态过程要长得多．

采用双概率指标表征系统安全性的主要考虑在于：对于电力系统的安全性评估来说，为使评估结果具有说服力，系统的物理过程的仿真是不可避免的，而电力系统为高可靠系统，如果采用单一概率指标，仿真工作量将是惊人的．采用双概率指标的好处是，系统在短时间内遭遇若干外部恶性突发事件的概率和电力系统的物理过程无关，可用随机系统仿真的方法进行估计，而系统在遭遇恶性突发事件崩溃的概率较高，进行有限次数的详尽仿真，就可获得崩溃概率的估计，从而避免了高昂的计算代价．

我们以中国电力科学研究院 PSASP6.0 为仿真平台，对其 EPRI-36 节点例系统做了一些改动，作为混合系统全时域动态仿真的对象．系统单线图如图 4-4 所示．改动后的 EPRI-36 是一个双电压等级(500/220kV)的纯交流运行系统．从结构上分析，EPRI-36 节点系统包括许多环网，且母线之间多为双回线联系，其供电可靠性较高．所取的 A 指标为 12 小时内发生三起输电线路的三相接地短路故障的概率．B 指标为在 A 条件下，系统停电面积达到 80%以上或全网失负荷水平在 80%以上概率．

图 4-3 与图 4-4 分别是 EPRI-36 系统仿真框图和接线图．有关系统安全性评估的细节已经在文献[73]中给出，这里仅讨论其中概率指标 A 的评估．

概率指标 A 的评估归结于以下问题：对于由 $n=38$ 条输电线路构成的系统，已知每条输电线路由外部原因造成的三相接地短路故障率为 λ_i 次/年，求系统在很短的 t 时间内发生 $m=3$ 次上述故障的概率 $P\{m=3\}$．该系统的五元组描述为

$$X = \{\{0,1\}^n\}, \quad E = \{1, 2, \cdots, n\}, \quad \Theta = \{\lambda_i \mid i \in E\}$$

$$f(x, e) = \{置 x_{(i)} = 0, 当 e = i\}, \quad \Gamma(x) = \{x_{(i)} = 1 \mid i \in E\}$$

其中，事件 i 代表第 i 条输电线路失效．系统可靠性状态取为 $x = [x_{(1)}, x_{(2)}, \cdots, x_{(n)}]$，$x_{(i)} \in \{0, 1\}$，且 $x_{(i)} = 1$ 表示线路 i 正常，$x_{(i)} = 0$ 表示线路 i 失效．

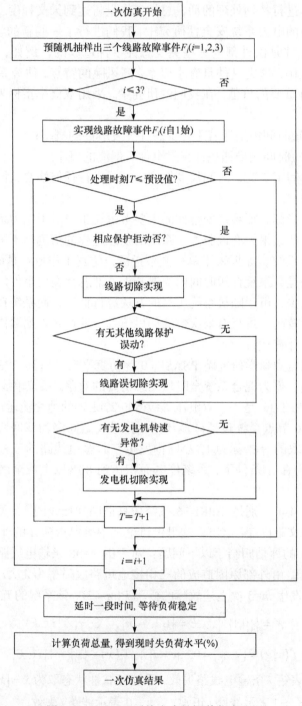

图 4-3 EPRI-36 系统安全性评估仿真流程

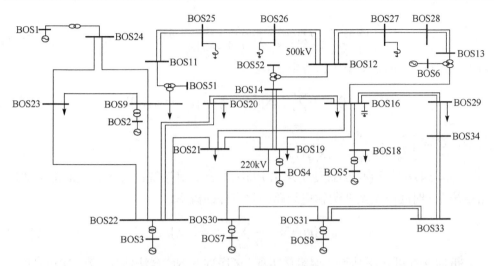

图 4-4　EPRI-36 节点系统接线图

当 λ_i 各不相同时，指标 A 无法用解析法求得，因为系统的状态总数高达 $2^{38} > 2.7 \times 10^{11}$，且可能的失效组合达到 $C_{38}^3 = 8436$ 个，只能依赖 DEDS 仿真来评估指标 A. 指标 A 的评估为小概率事件评估，常规的仿真算法很难对其进行精确评估，而 NC 方法可极为高效地评估出指标 A.

文献[73]采用基于"最小实现" Z 序列的 NC 方法估计指标 A. 首先按照"最小实现" Z 序列的仿真流程构造 Z 序列，直到第 4 条输电线路失效. 记相邻事件的时间间隔为 $\tau_k, k=1,2,\cdots$. 令

$$T_3 = \sum_{i=1}^{3} \tau_i, \quad T_4 = \sum_{i=1}^{4} \tau_i \tag{4-50}$$

τ_k 服从参数为 $\Lambda(\boldsymbol{x}_{k-1})$ 的指数分布，其中

$$\begin{cases} \Lambda(\boldsymbol{x}_0) = \sum_{i=1}^{n} \lambda_i \\ \Lambda(\boldsymbol{x}_k) = \Lambda(x_{k-1}) - \lambda_{e_k}, \quad k=1,2,3,4 \end{cases} \tag{4-51}$$

注意到，t 时间发生 3 次输电线路失效事件的概率为

$$\begin{aligned} P\{m=3|z\} &= P\{m \geq 3|z\} - P\{m \geq 4|z\} \\ &= P\{T_3 \leq t|z\} - P\{T_4 \leq t|z\} \\ &= F_{3,z}(t) - F_{4,z}(t) \end{aligned} \tag{4-52}$$

其中，$F_{3,z}(t)$，$F_{4,z}(t)$ 分别为 T_3，T_4 的分布函数，它们的 Laplace 变换具有下述形式：

$$\text{Lap}\left[F_{m,z}(t)\right] = \frac{1}{s}\prod_{i=1}^{m}\frac{\Lambda(\boldsymbol{x}_{i-1})}{s+\Lambda(\boldsymbol{x}_{i-1})}, \quad m \in \{3,4\} \tag{4-53}$$

对上式进行 Laplace 反变换，得到

$$F_{m,z}(t) = 1 - \sum_{i=1}^{m} C_i \exp\left[-\Lambda(\boldsymbol{x}_{i-1})t\right], \quad m \in \{3,4\} \tag{4-54}$$

其中，$C_i = \prod_{j=1,j\neq i}^{m}\dfrac{\Lambda(\boldsymbol{x}_{j-1})}{\Lambda(\boldsymbol{x}_{j-1})-\Lambda(\boldsymbol{x}_{i-1})}$。

将(4-54)式代入(4-52)式便可求出 $P\{m=3|z\}$，对系统进行 N 次仿真即可估计出系统在 t 时间内发生 3 起输电线路失效事件的概率

$$\hat{P}\{m=3\} = \frac{1}{N}\sum_{i=1}^{N} P\{m=3|z_i\} \tag{4-55}$$

指标 A 亦可采用基于"均匀化实现" Z 序列的 NC 算法估计．第 i 次仿真的 Z 序列为 z_i，并记 q 为第 3 条输电线路失效时的游走事件数，s 为第 4 条输电线路失效时的游走事件数，则由(4-40)式可求出

$$P\{m=3|z_i\} = \mathrm{e}^{-\Lambda t}\sum_{k=q}^{s-1}\frac{(\Lambda t)^k}{k!} \tag{4-56}$$

对系统进行 N 次仿真即可估计出指标 A。

当 $\lambda_1 = \lambda_2 = \cdots = \lambda_n = \lambda$ 时，指标 A 可通过解析公式求出

$$P = C_n^m \mathrm{e}^{-(n-m)\lambda t}\left(1-\mathrm{e}^{-\lambda t}\right)^m \tag{4-57}$$

我们以此检验 NC 方法的效率．表 4-11 给出了 $\lambda = 1$ 次/年时，NC 方法、SC 方法估计结果和解析结果的比较．表中 NC(1)项为基于"最小化实现"的结果，NC(2)项为基于"均匀化实现"的结果，CI90 为 90%置信区间半长．

表 4-11　EPRI-36 系统在 12 小时内发生 3 起输电线路三相短路故障的概率

比较项	NC(1)	NC(2)	SC	理论解
仿真次数	1	4000	1000000	
估计结果	2.0628e-5	2.0629e-5	1.8000e-5	2.0628e-5
CI90	0	1.5349e-7	6.9785e-6	

对于故障效率全部相等这种极端的情况，NC(1)仅用 1 次仿真就得到了完全精确的结果，NC(2)经过 4000 次仿真后也得到了近乎精确的结果，而 SC 方法在进行了 1000000 次仿真后，和理论解相比相对误差仍高达12%．

在文献[73]中，采用基于 Z 序列"最小化实现"的 NC 方法估计概率指标 A，

采用图 4-4 给出的仿真流程利用详尽的混合系统仿真评估指标 B，均采用 1000 次仿真。经过 4 个多小时的计算，最后得到 $P_A = 2.0628\mathrm{e}-5$，$P_B = 0.96$。系统在很短时间连续遭遇 3 起恶性突发事件的崩溃概率为 $P = P_A P_B = 1.9803\mathrm{e}-5$。

4.7 本章小结

  NON-CLOCK(NC)方法是一种和减小方差技术(VRT)中的条件期望法紧密结合的一种方法。NC 方法中的核心问题是状态——事件序列(文中称为 Z 序列)的构造以及与之相应的平均样本性能测度的提取。文中给出了 Z 序列的两种实现方式——"均匀化实现"和"最小化实现"。其中"均匀化实现"具有程序实现简单、数据提取方便和方法具有普适性的优点。"最小化实现"虽然程序实现和数据提取不如"均匀化实现"简洁，适用面也较窄，但由于该方法不会产生非状态转移事件(虚拟事件)，在一些特定的场合可能更适用。另外，两种实现所得结果之间的相互检验，对确保仿真算法和程序的正确性大有裨益。

  NC 方法继承了标准钟(SC)方法的诸多优点，如仿真流程简洁、可并发构造多条样本路径等。不仅如此，由于结合了条件期望技术，而且不需要抽样出时间序列，NC 方法进一步提高了仿真的精度和效率，并且节省了仿真所需要的随机数。NC 方法的另一个优点是其普适性，该方法原则上适用于任意的性能评估问题，并且在数据处理上 NC 方法也要比 SC 方法更为简洁。文中的各种仿真算例均验证了 NC 方法的上述优点。另外，需要指出的是，虽然 NC 和 SC 方法均采用了"嵌入泊松流"技术，但二者的数学思路存在明显的差异，例如，SC 方法中相邻游走事件的时间间隔总是服从指数分布，而 NC 方法中上述结论却未必成立。

第 5 章 小概率事件系统仿真的 NC-重要抽样方法

小概率事件系统仿真是 10 多年来，随着科学技术的发展，在核工程、航空航天、电力系统、通讯系统以及计算机技术等领域中经常会遇到的一类系统. 这类系统的基本特点是发生崩溃(故障、失效)的概率很小. 例如，航天工程和核工程中的许多部件或分系统的不可靠度小于10^{-6}，新一代 ATM 交换机的信元丢失概率约为$10^{-9} \sim 10^{-6}$，然而一旦崩溃(故障、失效)，事件发生就会面临很高的风险(损失). 小概率事件系统对常规的仿真方法带来很大的挑战. 一方面，用常规仿真方法评估小概率事件系统，为了得到可信的评估结果，往往需要海量次数的仿真，而且存在超出随机数发生器周期的风险. 另一方面，随着科技的进步，这一类系统必然越来越多. 如何解决这一矛盾，是仿真技术领域的研究人员今后长期面对的一个问题.

重要抽样方法是当前少数几种适用于小概率事件系统仿真的技术. 作为一种提高仿真效率的减小方差技巧，该方法在 20 世纪 50 年代就已提出(Glynn 等[79]，Lewis[80])，并在某些特定的问题上得到较为成功的应用，如求解积分问题、武器系统的效能评估、静态可靠性系统仿真等. 近年来重要抽样方法在小概率事件系统仿真中的成功应用，再次激起了研究人员对该方法的热情，并取得了一些重要的进展(见文献[79]—[106]). 重要抽样方法的基本思想是通过改变与所评估性能测度相关的目标事件(或目标状态)出现的概率分布，以此增加目标事件出现的次数，进而达到提高仿真效率的目的. 这种做法在许多文献中又被称为"变概率测度". 对一些仿真工作量巨大的评估问题，恰当的应用重要抽样方法能使仿真工作量呈数量级的衰减.

在动态系统仿真中应用重要抽样方法，必须解决两个基本问题：首先，对仿真得到的样本路径ω_i，正确地求出该样本路径对应的似然函数$P(\omega_i)$. 对仿真人员来说，该问题是应用重要抽样方法需要跨越的第一个坎. 其次，如何改变概率测度才能确保减小估计量的方差从而提高仿真的效率. 理论分析和仿真实践均表明变概率测度是一把双刃剑，不恰当地变概率测度，不但不能减小方差，反而会显著增加方差，甚至可能使方差趋于无穷大，得到完全离谱的结果. 该问题至今还没有圆满的解决方案，但对某些特定的评估问题，经过长期的研究和实践，已有一些较好的启发式解决方案，例如，在动态系统可靠性仿真中 Lewis[80]提出了加速失效方法(Failure Biasing Scheme)和强迫转移法(Forcing Transition)，

Shahabuddin[83]提出了平衡加速失效方法；在通讯网络"溢出概率"评估中，Parekh，Walrand 等[84]给出了基于大偏差理论的渐近优效变概率测度方案；Haraszti 等[85]提出了 DPR(Direct Probability Redistribution) 方法等. Heidelberger[86]，Shahabuddin[83]，Juneja & Shahabuddin[87]，Smith & Shafi[106]对排队网络和可靠性评估中的常用变概率测度技巧进行了较为系统的整理，是一些相当不错的论文. 此外，一些学者在自适应变概率测度方案方面进行了有益的尝试[88-90].

本章主要阐述 NON-CLOCK(NC)仿真框架下的重要抽样问题，重点讨论以下内容：1)如何在 NC 仿真框架下将 NC 方法和重要抽样方法有机地结合起来；2)如何构造 NC-重要抽样仿真框架下的估计器；3)如何将现有的一些已证明有效的启发式重要抽样解决方案纳入 NC-重要抽样仿真框架；4)给出 NC-重要抽样方法在高可靠性仿真中的应用.

5.1 小概率事件仿真难题

设随机变量 X 具有概率密度函数 $f(x)$，所评估的性能测度函数为 $\gamma = E[h(x)]$. 用仿真方法评估 γ 的常规思路是产生 N 个 X 的子样 $x_1, x_2, \cdots, x_N$，然后用下述均值统计量来估计 γ，

$$\hat{\gamma} \approx \frac{1}{N}\sum_{i=1}^{N} h(x_i) \tag{5-1}$$

当目标事件为小概率时，常规仿真方法的估计效率很低. 以评估某高可靠性系统为例，记第 i 次仿真的子样为

$$h(x_i) = \begin{cases} 1, & \text{第}i\text{次仿真系统崩溃} \\ 0, & \text{第}i\text{次仿真系统未崩溃} \end{cases} \tag{5-2}$$

设总共仿真了 N 次,则崩溃概率的无偏估计为

$$\hat{P} = \frac{\sum_{i=1}^{N} h(x_i)}{N} \tag{5-3}$$

估计量 $\hat{P}$ 的方差可由二项分布的方差导出

$$Var[\hat{P}] = \frac{P(1-P)}{N} \approx \frac{\hat{P}(1-\hat{P})}{N} \tag{5-4}$$

由此可估计出 $\hat{P}$ 的相对误差(变异系数)为

$$R_e \approx \frac{\sqrt{Var[\hat{P}]}}{\hat{P}} = \sqrt{\frac{1-\hat{P}}{N\hat{P}}} \approx \sqrt{\frac{1}{N\hat{P}}} \tag{5-5}$$

从中可看出，当 $P \to 0$ 时，为使估计结果可信(相对误差有界)，必须满足 $N \to \infty$.

当前在核工程、航空航天、电力、通讯等领域出现了许多小概率、高风险并存的系统. 例如，现代核反应堆的不可靠度小于 10^{-6}，现代通讯产品的 Buffer 溢出概率小于 10^{-8}. 小概率/高风险并存的特点决定了解决定量评估问题的迫切性，但如果仍沿用常规的仿真方法，仿真工作量将达到天文数字.

5.2 重要抽样方法原理

小概率事件系统仿真的主要困难在于目标事件出现的太少，以至于进行大量次数的仿真也难以获得精确评估所需要的足够数量的目标事件. 如果能用某种方法增加目标事件的次数，就有可能提高仿真的效率.

设 X 的样本空间为 Ω，$h(x)$ 为定义在集合 $A \subseteq \Omega$ 上的实函数. 引入概率密度函数 $g(x)$，满足对任给的 $x \in A$，若 $f(x) > 0$，则 $g(x) > 0$. 则有

$$\gamma = E_f[h(x)] = \int_{x \in \Omega} h(x) \cdot f(x) \mathrm{d}x = \int_{x \in A} h(x) \cdot f(x) \mathrm{d}x$$

$$= \int_{x \in A} h(x) \cdot \frac{f(x)}{g(x)} \cdot g(x) \mathrm{d}x = E_g[h(x) \cdot L(x)] \qquad (5\text{-}6)$$

其中，$L(x) \equiv f(x)/g(x)$，称为似然比，下标 g 表示 x 从密度函数 $g(x)$ 中抽样.

(5-6)式表明 γ 的无偏估计亦可以通过下述方式得到：从改变后的概率分布 $g(x)$ 中抽样出 N 个子样 $x_1^*, x_2^*, \cdots, x_N^*$，则

$$\hat{\gamma} \approx \frac{1}{N} \sum_{i=1}^{N} h(x_i^*) L(x_i^*) \qquad (5\text{-}7)$$

这种改变目标事件出现的概率测度，并对子样进行加权修正的方法称为重要抽样方法，$g(x)$ 又称为变概率测度.

使(5-6)式成立的 $g(x)$ 具有一般性，但并非任意的 $g(x)$ 都能起到减小方差的作用. 应用重要抽样方法的一个主要工作是构造一个合适的 $g(x)$，使得

$$E_g[(h(x) \cdot L(x))^2] \ll E_f[h(x)^2]$$

从而起到减小方差的作用. 理论上，最优变概率测度为

$$g(x) = h(x) \cdot f(x) / \gamma \qquad (5\text{-}8)$$

此时，$Var[h(x) \cdot L(x)] = 0$，仅需一次仿真就可得到 γ 的准确估计，然而最优概率测度本身包含待估计量 γ，因而只有理论上的价值. 尽管如此，(5-8)式仍然提供了一些有价值的信息. 假定目标事件为 $x \in A$，$h(x)$ 为 0-1 函数，即所评估指标 γ 为目标事件出现的概率，则最优变概率测度及似然比具有下述形式：

$$g(x)=\begin{cases}f(x)/\gamma, & x\in A\\ 0, & \text{其他}\end{cases}, \quad 1_{\{x\in A\}}L(x)=\begin{cases}\gamma, & x\in A\\ 0, & \text{其他}\end{cases} \tag{5-9}$$

(5-9)式给我们一个启示：当 $\gamma\ll 1$ 时，如果能将所有对应于 $x\in A$ 目标事件出现的概率增大，或者使得 $x\in A$ 时，$L\ll 1$，那么就可能得到 γ 的效率更高的估计. 这一点正是许多启发式方法的理论基础.

5.3 NC-重要抽样仿真框架

记 $\{X,E,f,\Gamma,\Theta\}$ 为 Markov 型 DEDS 的五元组描述，其中 X 为状态集合，E 为事件集合，$f:X\times E\to X$ 为状态转移函数，$\Gamma(x)\subseteq E$ 为系统在状态 x 下的可行事件集，$\Theta=\{\lambda_i\,|\,i\in E\}$ 为系统的参数集，λ_i 为事件 i 的发生速率.

在 NC 仿真框架下，系统性能测度的估计为条件期望形式：

$$J(\theta)=E[E[H(\theta,\omega)\,|\,z]]=E[H(\theta,z)]\approx \frac{1}{N}\sum_{i=1}^{N}E[H(\theta,z_i)] \tag{5-10}$$

其中，$H(\theta,z)\equiv E[H(\theta,\omega)\,|\,z]$ 为系统在序列 z 下的平均样本性能测度，ω 为系统演化的随机过程，z_i 为第 i 次仿真得到的 Z 序列.

记 $P(z)$ 为 Z 序列的概率测度，在重要抽样方法下，性能测度的估计具有如下形式：

$$\begin{aligned}J(\theta)&=E[H(\theta,z)]=\sum_{z\in\Omega}H(\theta,z)\cdot P(z)\\ &=\sum_{z\in\Omega}H(\theta,z)\cdot\frac{P(z)}{P^*(z)}P^*(z)\\ &=E_*[H(\theta,z)\cdot L(z)]\approx\frac{1}{N}\sum_{i=1}^{N}H(\theta,z_i)\cdot L(z_i)\end{aligned} \tag{5-11}$$

其中，Ω 为 Z 序列的样本空间，下标"*"表示在变概率测度 $P^*(z)$ 下的结果. 对 $P^*(z)$ 的基本要求是，若 $P(z)>0$，则 $P^*(z)>0$，即若在原概率测度下，某个导致目标事件出现的 Z 序列存在，则在新的概率测度下，该 Z 序列亦存在.

从(5-11)式可看出，在 NC 框架下应用重要抽样方法，必须了解如何改变 Z 序列的概率测度，并正确计算似然比. 由于 Z 序列的似然函数与其仿真实现有密切的关系，首先简要回顾一下 Z 序列的实现.

设系统当前状态为 x_{k-1}，并记

$$\Lambda_{k-1}=\sum_{j\in\Gamma(x_{k-1})}\lambda_j,\quad \Lambda=\sum_{i=1}^{N}\lambda_i \tag{5-12}$$

在 NON-CLOCK 仿真框架下，Z 序列有两种基本的实现方案：
- 最小化实现

Step 1. 从下述概率分布式中抽样出下一状态转移事件 e_k

$$P\{e_k=i|x_{k-1}\}=\frac{\lambda_i}{\Lambda_{k-1}}, \quad i\in\Gamma(x_{k-1}) \tag{5-13}$$

Step 2. 进行状态更新，$x_k=f(x_{k-1},e_k)$ \hfill (5-14)

Step 3. 转到 Step 1，直到本次仿真结束
- 均匀化实现

Step 1. 从下述概率分布式中抽样出下一游走事件 e_k

$$P\{e_k=i|x_{k-1}\}=\frac{\lambda_i}{\Lambda}, \quad i\in E \tag{5-15}$$

Step 2. 判断 e_k 是否为真实事件，并进行可能的状态更新

$$x_k=\begin{cases}f(x_{k-1},e_k), & e_k\in\Gamma(x_{k-1})\\ x_{k-1}, & \text{其他}\end{cases} \tag{5-16}$$

Step 3. 转到 Step 1，直到本次仿真结束

需要特别指出的是，尽管最小化和均匀化实现所刻画的系统状态演化过程在概率意义上等价，但在均匀化实现中，由于包含了虚拟事件，所得 Z 序列并非最小实现，这对设计重要抽样方法是一个干扰，在应用中应特别予以注意。

5.3.1 Z 序列似然函数计算

- 仿真终止于某个特定的状态子集 α

Ⅰ型仿真，均匀化实现和最小化实现的 NC 仿真框架都适用。Z 序列的构造流程见 4.3.2 节。记仿真得到的 Z 序列为 $z=[\{x_{k-1},e_k\},k=1,2,\cdots,n]$，根据 Markov 系统状态转移的特点，对最小化 NC 仿真，Z 序列的似然函数为

$$\Phi(z)=p(x_0)p(e_1|x_0)p(e_2|x_1)\cdots p(e_n|x_{n-1}) \tag{5-17}$$

其中，$p(e_k|x_{k-1})$ 为状态 x_{k-1} 下发生事件 e_k 的概率，由(5-13)式确定。$p(x_0)$ 为初始状态概率，对给定的初始状态 $p(x_0)=1$。

对均匀化实现的 NC 仿真，Z 序列的似然函数为

$$\Psi(z)=p(x_0)p(e_1|x_0)p(e_2|x_1)\cdots p(e_n|x_{n-1}) \tag{5-18}$$

(5-18)式和(5-17)式的不同在于式中的事件 e_k 可能为虚拟事件，并且 $p(e_k|x_{k-1})$ 由概率分布(5-15)式给出。

- 仿真终止于给定的时间 T

Ⅱ型仿真通常只能采用均匀化实现的 NC 仿真框架。在第 4 章已给出其仿

流程如下:
Step 1. 产生一服从参数为 $\varLambda T_s$ 的泊松分布的随机数 n
Step 2. 按照均匀化实现的 NC 基本流程, 构造系统的状态游走序列直到游走事件总数为 n

按照上述仿真流程, 可得出 Z 序列的似然函数为

$$\varPsi(z) = p(x_0)p(e_1|x_0)p(e_2|x_1)\cdots p(e_n|x_{n-1})\frac{(\varLambda T)^n \mathrm{e}^{-\varLambda T}}{n!} \quad (5\text{-}19)$$

其中, $p(e_k|x_{k-1})$ 由(5-15)式确定, $p(x_0)$ 为初始状态概率, 对给定的初始状态 $p(x_0)=1$.

- 仿真终止于时间 T 或某个特定的状态子集 α

Ⅲ型仿真通常也只能采用均匀化实现的 NC 仿真框架. 在第 4 章已给出其仿真流程如下:
Step 1. 产生一服从参数为 $\varLambda T_s$ 的泊松分布的随机数 $\tilde{n}$
Step 2. 按照均匀化实现 NC 基本流程, 构造系统的状态游走序列直到事件总数为 $\tilde{n}$ 或系统演化到 α 集

Ⅲ型仿真 Z 序列的实际长度 $n \leq \tilde{n}$. 按照上述仿真流程, 可得出 Z 序列的似然函数为

$$\varPsi(z) = p(x_0)p(e_1|x_0)p(e_2|x_1)\cdots p(e_n|x_{n-1})\frac{(\varLambda T)^{\tilde{n}} \mathrm{e}^{-\varLambda T}}{\tilde{n}!} \quad (5\text{-}20)$$

其中, $p(e_k|x_{k-1})$ 由(5-15)式确定, $p(x_0)$ 为初始状态概率, 对给定的初始状态 $p(x_0)=1$.

5.3.2 改变 Z 序列概率测度的动态变参数法

首先必须申明的是, 此处所谓改变 Z 序列的概率测度是指: 这种改变应使得系统的状态转移行为发生了真实的改变, 否则即使是 Z 序列的概率测度形式上发生了改变, 这种改变也不是我们所预期的, 因为它对改变系统的演化特征无益.

从 5.3.1 节可看出, Z 序列的似然函数 $\varPsi(z)$ 或 $\varPhi(z)$ 表现为一系列状态游走概率的乘积. 因此, 改变 Z 序列概率测度最直接的方法是改变逐次状态游走事件 e_k 的概率分布. 对于 Markov 系统, 游走概率直接与系统参数集相关, 我们可通过动态调整系统的参数集来实现这一点. 前面已指出变概率测度的基本要求是若 $\varPhi(z)>0$ ($\varPsi(z)>0$), 则 $\varPhi^*(z)>0$ ($\varPsi^*(z)>0$). 除此之外, 还希望变概率测度方案与 Z 序列的实现方式无关.

在下面给出的变概率测度方案中, 我们引入以下限制条件: 可行事件集 $\varGamma(x_{k-1})$ 保持不变, 可行事件总发生速率 $\varLambda_{k-1}$ 保持不变, 可行事件最大总发生速率 $\varLambda$

保持不变. 下面按最小化和均匀化 Z 序列实现框架分述之.

- 最小化实现下改变 Z 序列概率测度的动态变参数法

设当前系统状态为 x_{k-1}，按下式调整系统的参数集

$$\lambda_i^* = \begin{cases} c_i \lambda_i, & i \in \Gamma(x_{k-1}) \\ \lambda_i, & \text{其他} \end{cases} \tag{5-21}$$

其中，$c_i > 0$ 满足约束条件

$$\sum_{i \in \Gamma(x_{k-1})} c_i \lambda_i = \sum_{i \in \Gamma(x_{k-1})} \lambda_i = \Lambda_{k-1} \tag{5-22}$$

即保持(当前状态下)事件总发生速率不变.

在新参数集下，下一发生事件 e_k 的概率分布变为

$$P^*\{e_k = i \mid x_{k-1}\} = \frac{\lambda_i^*}{\Lambda_{k-1}}, \quad i \in \Gamma(x) \tag{5-23}$$

按照上述策略，在新的状态转移概率下对系统进行仿真，设所抽样的 Z 为 $z = [\{x_{k-1}, e_k\}, k = 1, 2, \cdots, n]$，则可求出本次仿真的似然比为

$$L(z) = \frac{\Phi(z)}{\Phi^*(z)} = \prod_{k=1}^{n} \frac{p(e_k \mid x_{k-1})}{p^*(e_k \mid x_{k-1})} = \prod_{k=1}^{n} \frac{\lambda_{e_k}}{\lambda_{e_k}^*} = \prod_{k=1}^{n} \frac{1}{c_{e_k}} \tag{5-24}$$

- 均匀化实现下改变 Z 序列概率测度的动态变参数法

对于均匀化 NC 仿真框架，我们采用和最小化实现相同的策略调整系统参数. 设当前系统状态为 x_{k-1}，按(5-21)式调整后的参数集为 $\{\lambda_i^*\}$. 在新参数集下，下一发生事件 e_k 的概率分布变为

$$P^*\{e_k = i \mid x_{k-1}\} = \frac{\lambda_i^*}{\Lambda}, \quad i \in \Gamma(x) \tag{5-25}$$

其中，$\Lambda = \sum_{i \in E} \lambda_i^* = \sum_{i \in E} \lambda_i$，即事件最大总发生速率保持不变.

按照上述策略，在新的状态转移概率下对系统进行仿真，设所抽样的 Z 为 $z = [\{x_{k-1}, e_k\}, k = 1, 2, \cdots, n]$，则无论是何种仿真类型，本次仿真的似然比均为

$$L(z) = \frac{\Psi(z)}{\Psi^*(z)} = \prod_{i=1}^{n} \frac{p(e_k \mid x_{k-1})}{p^*(e_k \mid x_{k-1})} = \prod_{i=1}^{n} \frac{\lambda_{e_k}}{\lambda_{e_k}^*} \tag{5-26}$$

其中

$$\frac{\lambda_{e_k}}{\lambda_{e_k}^*} = \begin{cases} 1/c_{e_k}, & e_k \in \Gamma(x_{k-1}) \\ 1, & \text{其他} \end{cases} \tag{5-27}$$

即仅真实事件对似然比有影响，虚拟事件对似然比不造成影响. 这样设计的原因是虚拟事件对描述系统的状态转移并不能提供额外的信息，改变它们的概率测度

对改变系统的状态转移特性无益.

- 动态变参数法的基本特点

上述改变系统演化概率测度的动态变参数方法具有下述特点:其一,由于 $\Gamma(x_{k-1})$, Λ_{k-1} 和 Λ 保持不变,系统在状态 x_{k-1} 的停留时间的统计特征不变,改变的只是系统的演化方向(事件序列);其二,对于同一个演化过程,虽然由于虚转移的存在,Z 序列的两种实现所对应的似然函数通常并不相同,但最后得到的似然比却在概率意义上等价,从而保证了同一个变概率策略在两种仿真实现上的一致性. 后一点在应用中具有重要的价值,因为目前已存在的许多启发式变概率策略大多建立在最小化实现的基础上,上述变参数规则保证了这些策略在均匀化实现时的适用性.

- 变参数的基本原则

动态变参数法为重要抽样的应用提供了一个基础平台,但对具体的评估问题,如何调整参数才能取得满意的结果,仍然是一个需要面对的问题. 该问题目前只能采用一些启发式方法处理. 考虑到重要抽样方法有效的必要条件是,新的概率测度必须显著增加目标事件出现的概率. 因此,变参数的一个基本原则是,参数的调整应使得通往目标事件的 Z 序列显著增加. 例如,在评估通讯网络系统的溢出概率时,可通过增加到达事件的发生率,同时减小处理器的服务率,使系统快速溢出. 又如在高可靠性系统的评估时,可通过增大部件的失效率,减小维修率,使系统加速失效. 对于某些特定的问题,目前已存在一些较好的启发式重要抽样方案,在 5.6 节,将具体讨论如何将这些方案引入到 NC-重要抽样仿真框架.

5.3.3　NC-重要抽样方法的仿真流程

- 最小化实现

Step 1. 按(5-21)式调整系统参数

Step 2. 从调整后概率分布式(5-23)中抽样出下一状态转移事件 e_k

Step 3. 进行状态更新 $x_k = f(x_{k-1}, e_k)$

Step 4. 更新似然比 $L_k = L_{k-1} \cdot p(e_k) / p^*(e_k) = L_{k-1} \cdot \lambda_{e_k} / \lambda^*_{e_k}$

Step 5. 转到 Step 1,直到本次仿真结束

Step 6. 提取样本性能测度 $E[H(\theta,\omega)|z] \cdot L$

- 均匀化实现

Step 1. 按(5-21)式调整系统参数

Step 2. 从调整后概率分布式(5-25)中抽样出下一游走事件 e_k

Step 3. 按(5-16)式进行状态更新

Step 4. 更新似然比 $L_k = L_{k-1} \cdot p(e_k) / p^*(e_k) = L_{k-1} \cdot \lambda_{e_k} / \lambda^*_{e_k}$

Step 5. 转到 Step 1，直到本次仿真结束
Step 6. 提取样本性能测度 $E[H(\theta,\omega)|z] \cdot L$

5.4 NC-重要抽样的三种估计器

5.4.1 经典估计器

设 z 为系统演化的 Z 序列，Ω 为其样本空间，$P(z)$ 为其概率测度．性能函数 $H(\theta,z)$ 为定义在 $A \subset \Omega$ 上的实函数．变概率测度 $P^*(z)$ 满足：对任给的 $z \in A$，当 $P(z) > 0$ 时，$P^*(z) > 0$，则

$$J(\theta) = E[H(\theta,z)] = E_*[H(\theta,z) \cdot L(z)] \approx \frac{1}{N} \sum_{i=1}^{N} H(\theta,z_i) \cdot L(z_i) \tag{5-28}$$

经典估计器的证明可参阅 5.2 节中的相关推导．该估计器为性能测度的无偏估计，它是目前应用最广的重要抽样估计器．

5.4.2 比值估计器

定理 5-1 设 z 为系统演化的 Z 序列，Ω 为其样本空间，$P(z)$ 为其概率测度．性能函数 $H(\theta,z)$ 为定义在 $A \subset \Omega$ 上的非负函数．若在变概率测度 $P^*(z)$ 下，Z 序列的样本空间不变，则 $E[L(z)] = 1$．

证明 $1 = \sum_{\Omega} P(z) = \sum_{\Omega} \frac{P(z)}{P^*(z)} P^*(z) = E[L(z)]$．证毕．

在定理 5-1 的基础上，可构造出如下的估计器

$$J(\theta) = \frac{E[H(\theta,z) \cdot L(z)]}{E[L(z)]} \approx \frac{\sum_{i=1}^{N} H(\theta,z_i) \cdot L(z_i)}{\sum_{i=1}^{N} L(z_i)} \tag{5-29}$$

该估计器为强一致估计，但一般来说该估计量是有偏的，然而只要变概率测度合适，估计偏差将随着仿真次数的增加而迅速趋于 0．均值比估计器的置信区间估计可参阅本书 7.1.3 节．

需要指出的是，该估计器不具有普适性，它要求变概率测度前后 Z 序列的样本空间 Ω 保持不变，即若某条样本路径在原概率测度下存在，则在新的概率测度下亦存在，反之亦然．一般来说这个要求并不严格，容易看出，按照 5.3.2 节给出的变参数规则，该条件总是满足的．

5.4.3 控制变量估计器

设随机变量 X 的均值 $E[X]$ 为系统性能测度的估计量，Y 为另一随机变量，其均值 $E[Y]$ 已知，并且 Y 和 X 相关. 定义控制变量[2,5,74,76]

$$X_c = X - \alpha(Y - E[Y]) \tag{5-30}$$

其中 α 为一常系数. 显然，$E[X_c] = E[X]$，即由 X_c 的样本均值同样可获得系统性能测度的无偏估计. X_c 的方差为

$$Var[X_c] = Var[X] + \alpha^2 Var[Y] - 2\alpha Cov[X,Y] \tag{5-31}$$

当取

$$\alpha = \frac{Cov[X,Y]}{Var[Y]} \tag{5-32}$$

时，X_c 的方差取得极小

$$Var[X_c] = Var[X] - \frac{Cov^2[X,Y]}{Var[Y]} \leq Var[X] \tag{5-33}$$

上式表明，只要 X 和 Y 之间存在足够的相关性，通过合理的选择系数 α，可得到性能测度更为优越的估计，而且 X 与 Y 的相关性越强，方差减小的效果越显著.

在定理 5-1 的条件下，$E[L] \equiv 1$ 已知，故可按下式构造控制变量：

$$X_c = H(\theta,z) \cdot L - \alpha(L-1) \tag{5-34}$$

根据(5-32)式，α 可用下式估计

$$\alpha = \frac{Cov[H(\theta,z)L, L]}{Var[L]} = \frac{E_*[H(\theta,z)L(L-1)]}{E_*[(L-1)^2]} \approx \frac{\sum_{i=1}^{N}[H(\theta,z)L_i(L_i-1)]}{\sum_{i=1}^{N}[L_i-1]^2} \tag{5-35}$$

由于 α 需要根据仿真样本数据进行估计，在进行估计时可采用下述方式：每次仿真根据(5-35)式更新 α，并计算以下两个统计量

$$\hat{J}_1(\theta) = \frac{1}{N}\sum_{i=1}^{N} H(\theta,z_i) \cdot L_i, \quad \hat{J}_2(\theta) = \frac{1}{N}\sum_{i=1}^{N}[L_i-1] \tag{5-36}$$

最终的结果由下式给出：

$$\hat{J}(\theta) = \hat{J}_1(\theta) - \hat{\alpha} \cdot \hat{J}_2(\theta) \tag{5-37}$$

等式右侧的 $\hat{J}_1(\theta)$ 恰好就是经典重要抽样估计量，第二项为修正项.

5.5 稳态性能测度估计的重要抽样方法

由稳态过程的各态历经性,稳态性能测度通常归结为以下形式[2]

$$J(\theta) = \lim_{T \to \infty} \frac{1}{T} \int_0^T h(\theta, x) \mathrm{d}t \tag{5-38}$$

其中,$h(\theta,x)$ 为系统状态 x 的函数. 稳态性能测度的估计通常采用进行一次长时间的仿真,然后在(5-38)式的基础上求出系统性能测度的估计.

Markov 系统稳态性能测度的估计通常采用再生法[2]. 在 NC 仿真框架下,应用再生法时,性能测度采用下式估计

$$J(\theta) = \frac{E\left[\int_0^T h(\theta,x)\mathrm{d}\tau\right]}{E[T]} = \frac{E\left[E\left[\int_0^T h(\theta,x)\mathrm{d}\tau \mid z\right]\right]}{E[E[T\mid z]]} \tag{5-39}$$

其中,T 为再生周期,z 为再生周期内的 Z 序列. 再生法仿真可归结为 I 型终止型仿真,即仿真 N 个再生周期,每个周期从再生状态出发,并终止于再次回到该状态.

令

$$D \equiv E\left[\int_0^T h(\theta,x)\mathrm{d}\tau\right]$$

当 D 的估计涉及小概率事件的仿真时,可采用所谓的"测度相关动态重要抽样"策略[83,94,101]估计 $J(\theta)$:用常规仿真估计 $E[T]$,用重要抽样方法估计 D. 具体如下:

在前 n 个再生周期用重要抽样方法估计 D,后 m 个再生周期用常规仿真估计 $E[T]$,则有

$$J(\theta) = \frac{E_*[E[D\mid z]\cdot L(z)]}{E[E[T\mid z]]} \approx \frac{\frac{1}{n}\sum_{i=1}^n E[D_i\mid z]L_i}{\frac{1}{m}\sum_{j=1}^m E[T_j\mid z]} \tag{5-40}$$

$\hat{J}(\theta)$ 的方差和置信区间估计可用 &-方法(见文献[71]或 7.1 节).

需要特别指出的是,当在前 n 个再生周期采用重要抽样方法估计 D 时,一旦系统演化到目标事件集 α 时,应立即停止变参数法,改用系统原始参数继续仿真至该再生周期结束[83,94,101]. 这是因为系统从再生状态演化到 α 是小概率事件,所以需要用变参数法加速系统演化到 α,但系统从 α 回到再生状态是高概率事件,

因此无需进行变参数. 事实上, 如果仍继续沿用前半部分的变参数方案将会导致再生周期无法结束的危险, 仿真效率的提高也就无从谈起.

5.6 NC-重要抽样方法在高可靠性仿真中的应用

高可靠性系统是小概率事件系统的典型例子, 广泛存在于核反应堆、航空航天系统、电力系统、计算机系统、通讯系统、金融交易系统等. 这类系统一般具有高可靠性和高风险性并存的特点, 因此精确评估对成本和风险控制尤为重要. 系统可靠性评估中几种最常用的指标包括[50,51,62]: 系统瞬时可靠度 $R(t)$, 平均首次失效时间 MTTF, 稳态可用度 A 和平均工作周期 MBTF.

可靠性系统可一般性描述如下[51,62]: 系统为 n 种类型的部件及 m 个维修组构成(每个维修组仅维修特定类型的部件), 每类部件包括其备用件共有 $d_i(i=1,2,\cdots,n)$ 个, 部件按某种拓扑结构形成一个网络, 当不满足某个给定的条件时, 称系统失效. 对于 Markov 系统, 部件失效和维修时间均服从指数分布, 记 λ_i, μ_i 分别为第 i 类部件的失效率和维修率. 在上述描述下, 系统的状态集为

$$X=\{[x_1,x_2,\cdots,x_n]\mid x_i\in\{0,1,\cdots,d_i\}, i=1,2,\cdots,n\}$$

总的状态数为 $\prod_{i=1}^{n}(d_i+1)$. 系统的事件集合记为 $E=\{E_1,E_2\}$, 其中 $E_1=\{1,2,\cdots,n\}$ 为部件失效事件集合, $E_2=\{n+1,n+2,\cdots,n+m\}$ 为维修结束事件集合. 记系统在当前状态 x 下的可行事件集为 $\Gamma(x)=\{\Gamma_F(x),\Gamma_S(x)\}$, $\Gamma_F(x)$, $\Gamma_S(x)$ 分别为可行失效事件集和可行维修事件集. $\Theta=\{\{\lambda_i\mid i\in E_1\},\{\mu_j\mid j\in E_2\}\}$ 为系统的参数集.

为了便于讨论, 假定初始时, 所有部件均正常工作, 维修队列为空, 并记初始状态为 0 状态, 失效状态集为 F, $\Lambda_F(x)$ 为状态 x 下可行失效事件的总发生率, $\Lambda_S(x)$ 为状态 x 下维修事件的总发生率, $\Lambda(x)\equiv\Lambda_F(x)+\Lambda_S(x)$ 为总事件发生率. 记 T_F 为系统从 0 状态出发演化至失效的时间, T_0 为系统从 0 状态出发到首次回到 0 状态的时间.

5.6.1 加速失效重要抽样方案

高可靠动态系统仿真的启发式重要抽样首先由 Lewis[80]给出, 该方法对非 0 状态, 按比例增加每个失效事件的概率, 并相应减小每个维修事件的概率, 以加速系统的失效, 因此这种方法又称为加速失效法(Failure Biasing), 其数学描述如下:

$$p^*(e|x) = \begin{cases} \theta \dfrac{p(e|x)}{\sum_{i \in \Lambda_F(x)} p(e|x)}, & e \in \Gamma_F(x), x \neq 0 \\ (1-\theta) \dfrac{p(e|x)}{\sum_{i \in \Lambda_S(x)} p(e|x)}, & e \in \Gamma_S(x), x \neq 0 \\ p(e|x), & x = 0 \end{cases} \qquad (5\text{-}41)$$

需要指出的是，(5-41)式不能直接用于"均匀化实现"的 NC 仿真. 为此可将其转换成等价的变参数方案

$$\lambda_i^* = \begin{cases} \dfrac{\theta \Lambda(x)}{\Lambda_F(x)} \lambda_i, & i \in \Gamma_F(x), x \neq 0 \\ \dfrac{(1-\theta)\Lambda(x)}{\Lambda_S(x)} \lambda_i, & i \in \Gamma_S(x), x \neq 0 \\ \lambda_i, & x = 0 \end{cases} \qquad (5\text{-}42)$$

Shahabuddin[83]，Nakayama[95]对 Failure Biasing 方法进行了详细的分析，给出了方法有效的必要条件. 其中的主要结论是，当所仿真的高可靠系统为平衡系统(所有部件的失效率具有相同的量级)时，Failure Biasing 是一种相当有效的启发式方法，通常能保证估计结果的相对误差有界. 他们同时也指出，对于非平衡系统，Simple Failure Biasing 并不能保证相对误差有界. 为此 Shahabuddin 等[83]设计了平衡加速失效(Balanced Failure Biasing)方法.

令 $M[\Gamma_F(x)]$ 表示当前状态下可行失效事件的总数，则平衡加速失效方法如下：

$$p^*(e|x) = \begin{cases} \dfrac{\theta}{M[\Gamma_F(x)]}, & e \in \Gamma_F(x), x \neq 0 \\ (1-\theta) \dfrac{p(e|x)}{\sum_{i \in \Lambda_S(x)} p(e|x)}, & e_k \in \Gamma_S(x), x \neq 0 \\ \dfrac{1}{M[\Gamma_F(x)]}, & x = 0 \end{cases} \qquad (5\text{-}43)$$

理论分析和仿真实验表明，平衡加速失效方法具有较好的鲁棒性，该方法通常能保证估计结果的相对误差有界[83,101,103]. 在平衡加速失效规则下，所有可行失效事件的概率均等，而维修事件仍按比例加权. 与平衡规则等价的变参数方案为

$$\lambda_i^* = \begin{cases} \dfrac{\theta \Lambda(x)}{M[\Gamma_F(x)]}, & i \in \Gamma_F(x), x \neq 0 \\ \dfrac{(1-\theta)\Lambda(x)}{\Lambda_S(x)}\lambda_i, & i \in \Gamma_S(x), x \neq 0 \\ \dfrac{\Lambda_F(x)}{M[\Gamma_F(x)]}, & x = 0 \end{cases} \qquad (5\text{-}44)$$

一些学者还提出了针对加速失效方案的其他改进方法,如 Failure-Distance Biasing 方法(Carrasco[96])、平衡似然比方法(Alexopoulos & Shultes[98])、Optimal Failure Biasing 方法(Strickland[90])等,但这些方法往往依赖于更多的先验知识,应用起来也更为困难.

5.6.2 系统平均首次失效时间(MTTF)的估计

MTTF 是指系统从 0 状态出发首次失效时间的数学期望,即 $E[T_F]$. 高可靠系统 MTTF 估计的根本困难在于抽样出一条演化至失效的样本路径需要花费大量的时间. 前面给出的"加速失效"重要抽样方案,不能直接用于 MTTF 的估计,否则不但起不到减小方差的作用,反而会产生完全离谱的结果. 这是因为重要抽样方法有效的基本前提是增加与评估对象相关的样本路径出现的概率. 由于高可靠系统,演化至失效的样本路径很漫长,这就意味着,为了提高 MTTF 的估计精度,应该增加那些漫长样本路径的出现概率,即应当"减速失效"而非"加速失效". 但如果按这个思路,应用重要抽样方法毫无意义,因为"减速失效" 抽样出一条演化至失效的样本路径要花费比原来更多的时间. 解决该问题的一个巧妙方法是 Shahabuddin 等[54,99,101]提出的间接估计法:

$$\text{MTTF} = \frac{E[T_{\min}]}{\gamma}, \quad T_{\min} \equiv \min\{T_F, T_0\}, \quad \gamma \equiv P\{T_F \leq T_0\} \qquad (5\text{-}45)$$

(5-45)式的证明可参阅文献[99].

其中 γ 可用"加速失效"重要抽样方法高效估计,而 $E[T_{\min}]$ 可用常规仿真估计. 具体实施时可采用与 5.5 节稳态性能测度估计中相似的策略:在前 n 次仿真用重要抽样估计 γ,后 m 次仿真用常规仿真估计 $E[T_{\min}]$,即

$$\text{MTTF} = \frac{E[T_{\min}]}{E_*[\gamma \cdot L]} \approx \frac{\dfrac{1}{m}\sum_{j=1}^{m} E[T_{\min} | z_j]}{\dfrac{1}{n}\sum_{i=1}^{n} E[\gamma | z_i] L_i}$$

5.6.3 系统稳态可用度估计

系统可用度 $A(t)$ 是指 t 时刻系统处于正常状态的概率. 可维修系统通常更关心系统的稳态可用度 $A = \lim_{t \to \infty} A(t)$. 对高可靠系统通常估计系统的稳态不可用度 $\alpha = 1 - A$. 稳态不可用度可采用 5.5 节中给出的基于再生法的重要抽样方法

$$\alpha = \frac{E_*[D \cdot L]}{E[T]} = \frac{E_*[E[D|z] \cdot L]}{E[E[T|z]]} \approx \frac{\frac{1}{n}\sum_{i=1}^{n}E[D|z_i]L_i}{\frac{1}{m}\sum_{j=1}^{m}E[T|z_j]} \tag{5-46}$$

其中，T 为再生周期，D 为再生周期内的累积失效时间，通常取 0 状态为再生状态.

文献[54,94,101]指出采用再生法结合加速失效重要抽样方法估计 α 可取得很好的效果.

5.6.4 平均开工时间的估计(MTBF)

MTBF 是指稳态下，相邻两次失效之间的平均时间间隔. 文献[101]指出, 高可靠系统的 MTBF 估计可采用再生法结合加速失效重要抽样方法

$$\mathrm{MTBF} = \frac{E[T]}{E[N_f]} = \frac{E[E[T|z]]}{E_*[E[N_f|z]L]} \approx \frac{\frac{1}{m}\sum_{j=1}^{m}E[T|z_j]}{\frac{1}{n}\sum_{i=1}^{n}E[N_f|z_i]L_i} \tag{5-47}$$

其中，T 为再生周期，N_f 为再生周期内系统失效的次数.

5.6.5 系统可靠度估计

系统可靠度函数 $R(t)$ 定义为系统在 $[0,t]$ 时间内不失效的概率. 可靠度的估计属于暂态性能测度的估计. 以下分成小时间尺度、中等时间尺度和大时间尺度分别讨论.

1. 小时间尺度下的不可靠度估计

小时间尺度是指保障时间 T 小于等于部件的平均失效时间，确切地说是指 $T < 1/\Lambda_F(0)$. 对于高可靠系统，这种时间尺度是常见的保障时间尺度. 在小时间尺度下，可用下述两种方法得到系统不可靠度的准确估计

• "强迫转移"结合"加速失效"NC 方法

Lewis[80]指出，小时间尺度下仅用"加速失效法"无法精确估计可靠度，必须结合另一种所谓"强迫转移"法(Forcing Transition). 强迫转移法的基本思路是:

当系统在处于 0 状态时,强制使下一事件(必为失效事件)在 T 时刻之前发生.

在经典仿真框架下,强迫转移法的具体实施方案如下:设系统当前时刻为 t_k,状态为 0,从下述条件分布中抽样出下一失效事件相对 t_k 的时间

$$f(\Delta t \mid \Delta t \leqslant T - t_k) = \frac{\Lambda(0)\mathrm{e}^{-\Lambda(0)\Delta t}}{1 - \mathrm{e}^{-\Lambda(0)[T-t_k]}} \qquad (5\text{-}48)$$

"强迫转移"也是一种变概率测度方法. 一次"强制转移"的似然比为

$$L = \frac{f(\Delta t)}{f(\Delta t \mid \Delta t \leqslant T - t_k)} = 1 - \mathrm{e}^{-\Lambda(0)[T-t_k]} \qquad (5\text{-}49)$$

在 NC 真框架下,由于仅抽样 Z 序列,而没有抽样出时间,上述处理方法无法直接照搬,但仍可借鉴"强迫转移"的思想.

系统可靠性仿真属于 Ⅲ 型仿真,通常采用均匀化实现的 NC 仿真框架. 当系统处于 0 状态时,由于高可靠系统 $\Lambda_F \ll \Lambda$,仿真时将会产生大量的虚拟事件,影响仿真的效率,为此可采用 4.5.4 节中的技巧:

注意到系统在 0 状态时,发生一次真实状态转移所产生的游走事件的次数 m 服从参数为 $p = \Lambda_F / \Lambda$ 的几何分布,即

$$P\{m = k\} = (1-p)^{k-1}p, \quad k = 1, 2, \cdots \qquad (5\text{-}50)$$

因此,当系统处于 0 状态时,只需直接产生一个几何分布随机数 m,并在第 m 次游走事件发生时使状态转移. 其中 m 可用下式产生:

$$m = \lfloor \ln u / \ln(1-p) \rfloor + 1, \quad u \sim U(0,1) \qquad (5\text{-}51)$$

当 $T < 1/\Lambda_F(0)$ 时,T 时间内的游走次数 n 和 m 相当,为了提高仿真的效率,可强制使状态转移在 n 步游走之前发生. 设本次仿真 T 时间内的游走事件的总数为 n,系统当前状态为 0,且当前的游走事件的计数为 k,并记 $M = n - k$ 为剩余游走步数. 从下述受限几何分布

$$P\{m = k \mid m \leqslant M\} = \frac{(1-p)^{k-1}p}{1-(1-p)^M}, \quad k = 1, 2, \cdots, M \qquad (5\text{-}52)$$

中抽样 m,即可迫使系统状态在第 n 步游走之前发生转移. m 的抽样公式为

$$m = \left\lfloor \frac{\ln\{1 - u[1-(1-p)^M]\}}{\ln(1-p)} \right\rfloor + 1, \quad u \sim U(0,1) \qquad (5\text{-}53)$$

本书中称这种处理方法为 NC 强迫转移法,以区别经典"强迫转移法".

由(5-50)式、(5-52)式,NC 强迫转移法一次转移的似然比为

$$L = \frac{P\{m = k\}}{P\{m = k \mid m \leqslant M\}} = 1 - (1-p)^M \qquad (5\text{-}54)$$

下面将"强迫转移"结合"加速失效"NC 方法的仿真流程小结如下:

Step 1. 产生一服从参数为 ΛT_s 的泊松分布的随机数 n

Step 2. 按 5.3.3 节的流程仿真,但其中的 Step 2 作如下改变:

 if $x_{k-1} = 0$ then

  用强迫转移法确定出 m, x_{k+m-1} 和 $L_{k+m-1} = L_{k-1} \cdot L$,转到流程中的 Step1

 else 正常执行流程中的 Step 2—Step 5.

最后要强调的一点是,应用了 NC 强迫转移技巧后,只能采用 5.4 节的经典估计器,后两种估计器不能使用,这是因为强迫转移改变了原有的样本空间,原先某些在 T 时间内存在的游走路径,在变概率后不复存在.

- 条件期望结合"加速失效" NC 方法

在 NC 仿真框架下,通过结合使用"加速失效"和条件期望估计,不用"强迫转移"也可取得较好的估计结果. 具体实施如下:

按(5-42)式或(5-44)式的加速失效方案,采用均匀化实现的 NC 仿真直至系统失效. 同样地,为了避免状态为 0 时,虚拟事件过多影响仿真的效率,在 0 状态应用几何分布抽样技巧. 设仿真得到的总游走步数为 n,由于相邻游走事件的时间间隔服从参数为 Λ 的指数分布,系统演化至失效的时间 t 服从 $\Gamma(n,\Lambda)$ 分布,故本次仿真系统不可靠度的条件估计为

$$U = [P(t \leqslant T)|z] \cdot L(z) = \left[1 - e^{-\Lambda T} \sum_{i=0}^{n-1} \frac{(\Lambda T)^i}{i!}\right] L(z) \tag{5-55}$$

对系统进行 N 次仿真即可得到不可靠度的估计.

由于仿真所得 Z 序列被限定于失效序列,$E[L] \neq 1$,因此条件期望结合"加速失效" NC 方法,也只能采用 5.4 节的经典估计器,而不能采用后两个估计器.

原则上该方法也适用于"最小化实现"的 NC 仿真框架,然而最小化实现 NC 仿真相邻状态转移的时间间隔不服从同一分布,这使得 $[P(t \leqslant T)|z]$ 的计算成为难题. 理论上通过 Laplace 反变换仍可求出 $[P(t \leqslant T)|z]$,但这种方式计算复杂,而且数值上很不稳定.

2. 大时间尺度下的不可靠度估计

大时间尺度是指保障时间 $T \gg 1/\Lambda_F(0)$. 文献[101],[102]指出在大时间尺度下,"强迫转移"结合"加速失效"方法的估计效率显著降低,难以给出系统不可靠度的精确估计. 上述基于 NC 仿真的两种方法也同样如此. 下面介绍三种大时间尺度下的不可靠度估计方法.

- 上、下界近似估计法

Shahabuddin & Nakayama[102]给出了大时间尺度下,系统不可靠度上、下界的估计公式.

不可靠度上界估计[102] 令

$$\hat{U}(t) = 1 - \exp[-\gamma qt] \tag{5-56}$$

则系统不可靠度 $U(t) \leq \hat{U}(t)$，且有 $t \to \infty$ 时，$U(t)/\hat{U}(t) \to 1$.

不可靠度下界估计[102] 令

$$\check{U}(t) \equiv \hat{U}(t) - e^{-\gamma q(t-l)} - \frac{E[W]}{\gamma \cdot l}(1 - e^{-\gamma q(t-l)})$$

$$+ \left\{ e^{-\gamma qt} + \frac{q(t-l)E[WI(T_0 < T_F)]}{l} e^{-\gamma q(t-l)} \right\} \tag{5-57}$$

则系统不可靠度 $U(t) \geq \check{U}(t)$，且有 $t \to \infty$ 时，$U(t)/\check{U}(t) \to 1$.

在(5-56)式、(5-57)式中，$\gamma = P\{T_F < T_0\}$，$q = \Lambda_F(0)$，$l = \max(\sqrt{t}, t\sqrt{q})$，$W = \min\{T_0, T_F\} - H$，$H$ 为系统在 0 状态的停留时间，服从参数为 q 的指数分布. $I(T_0 < T_F)$ 为 0-1 函数，$T_0 < T_F$ 时取 1，反之取 0.

其中，γ 可用"加速失效"重要抽样方法高效率估计，而 $E[W]$，$E[WI(T_0 < T_F)]$ 用常规的仿真方法即可获得准确估计. 当 t 足够大时，可用 $\hat{U}(t)$ 或 $\check{U}(t)$ 的估计结果近似 $U(t)$.

- 频域分析法

Carrasco[97]给出了大时间尺度下，不可靠度估计的另一种方法. 令

$$h_1(t) = P\{T_F \leq t, T_F \leq T_0\}, \quad h_2(t) = P\{\min(T_0, T_F) \leq t\},$$

则系统不可靠度的 Laplace 变换具有下述形式[97]:

$$U(s) = \frac{H_1(s)}{1 - s(H_2(s) - H_1(s))} \tag{5-58}$$

其中

$$H_1(s) = E[I(T_F \leq T_0)e^{-sT_F}/s],$$
$$H_2(s) = E[\exp(-s\min\{T_F, T_0\})/s]$$

分别为 $h_1(t)$，$h_2(t)$ 的 Laplace 变换.

Carrasco[97]采用数字 Laplace 反变换来求 $U(t)$，该方法涉及求若干给定 s 下的 $U(s)$. 对每个给定的 s，Carrasco 采用"加速失效"重要抽样方案得到 $H_1(s)$ 的高效估计，而 $H_2(s)$ 则用常规的估计方法得到. 数字 Laplace 反变换，采用了如下的 Fourier 级数逼近公式 [97,107]:

$$f(t) = \frac{e^{at}}{t} \left\{ \frac{F(a)}{2} + \sum_{k=1}^{N} (-1)^k R_e \left[F\left(a + i\frac{k\pi}{t}\right) \right] \right\} \tag{5-59}$$

其中，$f(t)$ 为分段连续函数，且满足 $|f(t)| \leq Me^{t\sigma}$，$F(s)$ 为 $f(t)$ 的 Laplace 变换，

参数 a 满足 $a>\sigma$，N 为 Fourier 级数的阶数，其选取以序列收敛为准.

数值实验表明，数字 Laplace 反变换对参数 a 的选择比较敏感. Carrasco 并未给出参数 a 应如何选择. 误差分析和实验表明，a 仅应略大于 $F(s)$ 的最大极点，取得太小则收敛很慢，取大了则很容易造成数值计算误差.

对于 $U(t)$ 的计算，参考 Crump[107]给出的误差分析结果，建议采用下述经验公式来确定参数 a，

$$a = -\frac{\ln \varepsilon}{4t} \tag{5-60}$$

其中，ε 取为 $10^{-6} \sim 10^{-5}$ 之间. 采用上述公式确定 a，并取 $N \approx 30$，通常可取得满意的结果.

仿真实验表明，对于中大时间尺度，数字 Laplace 反变换可取得不错的逼近精度，但该方法也存在以下不足：计算量较大、易受数值计算误差的影响、程序实现要具备相当的技巧，并且要求仿真人员具有较强的频域分析基础.

- GAM 分布逼近法

上、下界近似估计法的近似精度不太高，而 Carrasco 的方法过于烦琐. 有必要寻找一个估计精度更高，同时又易于实现的估计算法. 从(5-56)式可看出，高可靠系统的失效时间近似服从指数分布. 注意到指数分布是 GAM 分布的特殊形式，这启示我们用 GAM 分布来逼近系统寿命分布有可能取得更好的结果. 设系统寿命服从 $\Gamma(a,\lambda)$ 分布. Γ 分布的参数由 T_F 的头二阶矩唯一确定. 其中首阶矩，即 MTTF 的估计问题在 5.6.2 节已经解决，以下仅考虑 $E[T_F^2]$ 的估计，我们给出如下的定理：

定理 5-2 系统首次失效时间的二阶矩满足

$$E[T_F^2] = \frac{E[T_{\min}^2] + 2(1-\gamma)E[T_F]E[T_2]}{\gamma} \approx \frac{E[T_{\min}^2]}{\gamma} + 2E^2[T_F] \tag{5-61}$$

其中，$T_{\min} = \{T_F, T_0\}$，$T_2 = \{T_{\min} \mid T_0 < T_F\}$，$\gamma = P\{T_F < T_0\}$.

证明 引入随机变量 $T_1 = \{T_{\min} \mid T_F \leqslant T_0\}$，$T_2 = \{T_{\min} \mid T_F > T_0\}$，并记 T_1, T_2, T_F 概率密度函数的 Laplace 变换分别为 $f_1(s), f_2(s)$ 和 $f(s)$，注意到

$$\begin{cases} h_1(t) \equiv P\{T_F \leqslant t, T_F \leqslant T_0\} = P\{T_1 \leqslant t\} \cdot \gamma \\ h_2(t) \equiv P\{T_{\min} \leqslant t\} = P\{T_1 \leqslant t\} \cdot \gamma + P\{T_2 \leqslant t\}(1-\gamma) \end{cases} \tag{5-62}$$

可得

$$sH_1(s) = f_1(s)\gamma, \quad sH_2(s) = f_1(s)\gamma + f_2(s)(1-\gamma) \tag{5-63}$$

再由(5-58)式，得到

$$f(s) \equiv sU(s) = \frac{f_1(s)\gamma}{1 - f_2(s)(1-\gamma)} \tag{5-64}$$

对(5-64)式求一阶、二阶偏导，得到

$$f'(s) = \frac{f_1'(s)\gamma + f(s)f_2'(s)(1-\gamma)}{1 - f_2(s)(1-\gamma)} \tag{5-65}$$

$$f''(s) = \frac{f_1''(s)\gamma + 2f'(s)f_2'(s)(1-\gamma) + f(s)f_2''(s)(1-\gamma)}{1 - f_2(s)(1-\gamma)} \tag{5-66}$$

由概率知识和 Laplace 变换终值定理[71]得

$$E[T_F] = -f'(s)|_{s=0}, \quad E[T_F^2] = f''(s)|_{s=0}, \quad f(s)|_{s=0} = f_2(s)|_{s=0} = 1 \tag{5-67}$$

将上述结论代入(5-65)式、(5-66)式，并注意到 $sH_2(s)$ 为 $T_{\min}$ 密度函数的 Laplace 变化，以及(5-63)式，即可得出

$$\begin{cases} E[T_F] = \dfrac{E[T_{\min}]}{\gamma} \\ E[T_F^2] = \dfrac{E[T_{\min}^2] + 2(1-\gamma)E[T_F]E[T_2]}{\gamma} \end{cases} \tag{5-68}$$

证毕.

其中，γ 可由重要抽样高效估计，而 $E[T_{\min}]$，$E[T_{\min}^2]$ 和 $E[T_2]$ 可由常规仿真准确估计. 利用头二阶矩，可估计出系统寿命过程的 $\Gamma(a,\lambda)$ 分布逼近，其中

$$\begin{cases} a = \dfrac{E^2[T_F]}{E[T_F^2] - E^2[T_F]} = \lambda \cdot E[T_F] \\ \lambda = \dfrac{E[T_F]}{E[T_F^2] - E^2[T_F]} \end{cases} \tag{5-69}$$

GAM 分布逼近法需要估计 $T_{\min}$ 的二阶矩 $E[T_{\min}^2]$，在 NC 框架下可用条件期望法估计 $E[T_{\min}^2] \equiv E[E[T_{\min}^2 | z]]$. 其中 $E[T_{\min}^2 | z]$ 可通过下述方法计算：

设仿真 $T_{\min}$ 得到的 Z 序列为 $z = [\{x_{k-1}, e_k\}, k = 1, 2, \cdots, n]$，并记相邻事件的时间间隔为 τ_k，则

$$T_{\min} | z = \tau_1 + \tau_2 + \cdots + \tau_k$$

对于"均匀化实现"，τ_k 均服从参数为 Λ 且相互独立的指数分布，$T_{\min} | z$ 服从参数为 $\Gamma(n, \Lambda)$ 分布，从而

$$E[T_{\min}^2 | z] = Var[T_{\min} | z] + E[T_{\min} | z]^2 = \frac{n + n^2}{\Lambda^2} \tag{5-70}$$

对"最小化实现"，τ_k 服从参数为 $\Lambda(x_{k-1})$ 且相互独立的指数分布，从而

$$E[T_{\min}^2 | z] = E[T_{\min} | z]^2 + Var[T_{\min} | z] = \left[\sum_{k=1}^{n}\frac{1}{\Lambda(x_{k-1})}\right]^2 + \sum_{k=1}^{n}\frac{1}{\Lambda^2(x_{k-1})} \qquad (5\text{-}71)$$

3. 中等时间尺度下的不可靠度估计

称保障时间 $T \approx k/\Lambda_F(0)$，$k>1$ 为中等时间尺度. 在中等时间尺度下，直接采用小时间尺度估计算法，难以保证算法的效率，而采用大时间尺度下的估计方法又难以保证估计的精度. 现有的文献还没有给出高可靠系统在中等时间尺度下不可靠度估计的有效方法.

这里给出一种适用于中时间尺度的多段分解方法. 该方法的特点是，仿真工作量和小时间尺度相比最多按线性增长而非爆炸性的增长，从而保证了估计的效率. 多段分解方法的基本思想是将中时间尺度下的不可靠度估计问题，转换为若干个小时间尺度估计问题，并通过逐段估计出每个小时间尺度估计量得到最终的估计量.

图 5-1 给出了多段分解方法的示意图. 该方法将保障时间 T 划分为 n 个不重叠的时间段. 设所划分的时间段为 $[T_{i-1}, T_i), i = 1, 2, \cdots, n$，其中 $T_0 = 0$，$T_n = T$，且每一段的时间跨度满足 $T_i - T_{i-1} \leq 1/\Lambda_F(0)$. 记 $U_{i|i-1}(T_i)$ 为系统在第 $i-1$ 段未失效的条件下，第 i 段结束时的不可靠度，显然有

$$U(T) = 1 - [1 - U_1(T_1)][1 - U_{2|1}(T_2)] \cdots [1 - U_{n|n-1}(T_n)] \qquad (5\text{-}72)$$

由于每一段的时间跨度 $T_i - T_{i-1} \leq 1/\Lambda_F(0)$，只需用小时间尺度算法估计出 $U_{i|i-1}(T_i)$，即可估计出 $U(T)$.

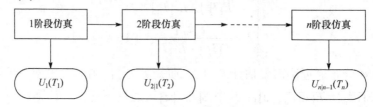

图 5-1 多阶段分解算法示意图

对高可靠系统 $U_{i|i-1}(T_i) \ll 1$，故(5-72)式可简化为

$$U(T) \approx \sum_{i=1}^{n} U_{i|i-1}(T_i) \qquad (5\text{-}73)$$

估计量的方差为

$$Var[\hat{U}(T)] \approx \sum_{i=1}^{n} Var[\hat{U}_{i|i-1}(T_i)] \qquad (5\text{-}74)$$

以上两式表明，随着保障时间 T 的增长，无论是仿真的工作量还是估计量的方差，均仅按分段数呈线性增长(和小时间尺度相比)，而不会呈爆炸性的增长.

图 5-2 给出了第 i 个阶段的仿真过程. 如图所示,该仿真过程分为两个子过程. 子过程 1 用重要抽样方法估计出本段 $U_{i|i-1}(T_i)$,子过程 2 用常规仿真来获取下一段仿真初始状态的抽样分布. 图中的第 $i(i+1)$ 段初始可行状态集是指前一段仿真结束后, 未失效的那些状态组成的集合, 这些状态构成了第 $i(i+1)$ 段仿真时, 初始状态的抽样分布. 子过程 1 与子过程 2 的详细仿真流程如下:

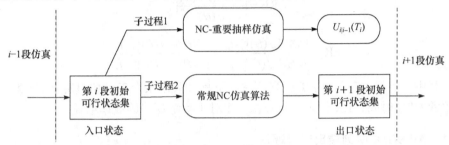

图 5-2 i 阶段仿真过程示意图

子过程 1 从第 i 段初始可行状态集中抽样出初始状态 $X_i(0)$,然后按 NC-重要抽样方法仿真至本段结束. 重复上述步骤, 进行 N 次仿真即可估计出 $U_{i|i-1}(T_i)$.

子过程 2 从第 i 段初始可行状态集中抽样出初始状态 $X_i(0)$,然后按常规 NC 仿真流程仿真至本段结束. 若仿真结束时系统未失效, 则记录下仿真结束时刻系统的状态. 重复上述步骤, 进行 N 次仿真即得到第 $i+1$ 段仿真的初始可行状态集.

5.7 仿真实验

本节仍以 $M/M/1/K$ 队列为研究对象, 该系统不但理论分析比较完善, 而且在应用中比较具有代表性. 例如, 复杂的排队系统可视为若干 $M/M/1/K$ 的组合, 又如果将队长超出 K 视为系统失效, 则 $M/M/1/K$ 队列等价于 $K+1$ 个部件的可修冷贮备系统, 后者是可靠性工程中的典型系统, 许多复杂系统均可由该系统组合而成.

设顾客到达时间和服务时间分别服从参数为 λ、μ 的指数分布, 取队长作为系统的状态变量, $M/M/1/K$ 系统对应的五元组描述为

$$X=\{0,1,2\cdots,\},\quad E=\{1,2\},\quad \Theta=\{\lambda,\mu\}$$
$$\Gamma(x)=\begin{cases}\{1,2\}, & x>0\\ \{1\}, & x=0\end{cases},\quad f(x,e)=\begin{cases}x+1, & e=1\\ x-1, & e=2\end{cases} \tag{5-75}$$

其中,"1"表示顾客到达事件,"2"表示顾客离去事件.

以下主要从可靠性的角度对系统进行分析和仿真. 记队长超出 K 为系统失效, 空队列为"0"状态, 系统失效为"F"状态. 记 T_0 为系统从 0 状态出发到再

次回到 0 状态的时间，记 T_F 为系统从 0 状态出发到演化到 F 状态的时间. 当 $\lambda \ll \mu$ 时，系统失效为小概率事件，我们主要就这一情况进行讨论.

为了刻画 NC-重要抽样估计器的效率，以 90%置信区间半长(CI90)、相对估计误差(RE)和仿真效率比(ER)作为比较对象. 其中

$$\text{RE} = \left| \frac{\hat{J}(\theta) - J(\theta)}{J(\theta)} \right| \tag{5-76}$$

$$\text{ER} = \frac{\text{MSE}[\hat{J}(\theta)]_0 \cdot t_0}{\text{MSE}[\hat{J}(\theta)]_i \cdot t_i} = \frac{[\hat{J}(\theta) - J(\theta)]_0^2}{[\hat{J}(\theta) - J(\theta)]_i^2} \cdot \frac{t_0}{t_i} \tag{5-77}$$

其中，下标 i 表示第 i 类仿真算法，下标 0 表示某个参考仿真算法，t 为算法占用的 CPU 时间，ER 代表仿真算法 i 相对于参考算法的效率增益.

5.7.1 $M/M/1/K$ 队列溢出概率评估

溢出概率 γ 是反应通讯网络系统可靠度性能的重要指标[84,92,105]，定义为 $\gamma = P\{T_F < T_0\}$，即在 Buffer 为空的初始条件下，信元的到达使得 Buffer 在不再次为空的前提下溢出的概率. 对于高质量的通讯产品，溢出概率可达 10^{-9}，是一个典型的小概率事件系统.

表 5-1 给出了 $M/M/1/7$ 队列的溢出概率估计. 表中的 NC+IS, NC+IS2, NC+IS3 分别为重要抽样的经典估计器、比值估计器和控制变量估计器. 所采用的加速失效变参数方案为

$$\begin{bmatrix} \lambda^* \\ \mu^* \end{bmatrix} = \begin{cases} [\lambda \quad \mu]^T, & x = 0 \\ [\mu \quad \lambda]^T, & x > 0 \end{cases} \tag{5-78}$$

即，队列为空时不改变参数，队列不为空时交换 λ 和 μ. 由于 $\mu \gg \lambda$，采用上述方案后，系统迅速演化至失效.

表 5-1 $M/M/1/7$ 溢出概率估计

比较项	NC+IS	NC+IS2	NC+IS3	NC
	$K=7$, $\lambda=0.1$, $\mu=1$			
仿真次数	2e+4	2e+4	2e+4	2e+8
估计结果	8.986e-8	8.867e-8	9.000e-8	2.633e-7
CI90	3.510e-10	3.417e-9	1.911e-12	2.965e-8
ER	5.915e+9	6.081e+7	2.640e+16	1
RE	0.15%	1.48%	7.10e-7	192.5%
理论解	9.0e-8			

从表 5-1 可看出,尽管对常规的仿真问题 NC 方法是一种相当有效的方法,但对小概率事件系统的仿真力不从心,尽管进行了 2 亿次的仿真,相对误差仍高达 192.5%. 而三类重要抽样估计器,在 2 万次仿真下均取得了接近理论解的结果,其中控制变量估计器的效果最好,其次是经典估计器,比值估计器稍差一些. 和 NC 方法相比,上述三类估计器的仿真效率比均达到了天文数字.

5.7.2 $M/M/1/K$ 队列平均首次失效时间评估

表 5-2 给出了 $M/M/1/7$ 队列 MTTF 的估计. 采用(5-45)式给出的间接估计方法进行 N 次仿真,前 $N/2$ 次用常规 NC 仿真估计 $E[\min\{T_F, T_0\}]$,后 $N/2$ 次采用 NC-重要抽样仿真估计 γ,所用加速失效变概率测度方案和 5.7.1 节相同. 表中的 NC+IS,NC+IS2,NC+IS3 分别代表 5.4 节中的经典估计器、比值估计器和控制变量估计器.

表 5-2 $M/M/1/7$ 队列平均首次失效时间估计

$K=7$, $\lambda=0.1$, $\mu=1$

算法	仿真次数	估计结果	CI90	RE	ER
NC	4e+8	4.3760e+7	4928474.0	64.5%	1
NC+IS	4e+4	1.2355e+8	490830.1	0.08%	2.144e+9
NC+IS2	4e+4	1.2523e+8	4762904.0	1.44%	7274693
NC+IS3	4e+4	1.2337e+8	89222.3	0.06%	3.380e+9
理论解			1.2345e+8		

从表 5-2 中可看出,NC 进行了 4 亿次的仿真相对误差仍高达 64.5%,而结合重要抽样方法后,仅用 4 万次仿真就取得了相当好的结果,NC+IS,NC+IS2,NC+IS3 的仿真效率分别提高了 20 多亿倍、700 多万和 30 多亿倍.

5.7.3 $M/M/1/K$ 队列瞬时可靠度估计

- 小时间尺度

表 5-3 给出了小时间尺度下,$M/M/1/5$ 队列在 $t=30$ 时的可靠度估计. 表中 NC+IS(C)代表条件期望结合"加速失效"NC 方法,NC+IS(F)代表"强迫转移"结合"加速失效"NC 方法. 所采用的加速失效变参数方案同(5-78)式.

从表中可以无可辩驳地看出 NC-重要抽样方法的优势. 经过 2 万次仿真后,和理论解相比,NC+IS(C)的相对误差为 2.75%,NC+IS(F)的估计误差为 1.38%. 相比之下,NC 方法在进行了 2 亿次仿真后,相对误差仍高达 225.9%. 在仿真效率上 NC+IS(C)提高了 7 千多万倍，NC+IS(F)提高了 3 亿多倍.

表 5-3　$M/M/1/K$ 可靠度估计(小时间尺度)

$K=5$，$\lambda = 0.02$，$\mu = 1$，$t = 30$

算法	仿真次数	估计结果	CI90	RE	ER
NC	2e+8	5.000e−9	8.224e−9	225.9%	1
NC+IS(C)	2e+4	1.492e−09	6.569e−11	2.75%	7.694e+7
NC+IS(F)	2e+4	1.513e−09	4.324e−11	1.38%	3.049e+8
理论解			1.5342e−9		

- 中等时间尺度

表 5-4 给出了 $M/M/1/5$ 队列在 $t=180$ 时的可靠度估计. 可以看到在该时间尺度下，NC+IS(C)和 NC+IS(F)方法的估计效率急剧降低，经过 40 万次的仿真，相对误差仍超过 10%. 表中 NC+IS(分解)算法的估计结果为 t 均分成 4 段的估计结果，每一段进行 8000 次仿真，总的仿真工作量为 32000 次. 和前两种方法相比，多段分解方法的估计结果显示了较好的稳健性，相对误差小于 3%，仿真效率提高了数百倍.

表 5-4　$M/M/1/K$ 可靠度估计(中等时间尺度)

$K=5$，$\lambda = 0.02$，$\mu = 1$，$t = 180$

算法	仿真次数	估计结果	CI90	RE	ER
NC+IS(C)	4e+5	9.452e−9	1.795e−9	12.1%	1
NC+IS(F)	4e+5	9.545e−9	2.257e−9	11.2%	3.54
NC+IS(分解)	4×(8e+3)	1.107e−8	1.714e−9	2.94%	853
理论解			1.0754e−008		

- 大时间尺度

表 5-5 给出了 $M/M/1/7$ 队列在大时间尺度下的可靠度估计. 表中 4 种逼近算法均基于 NC-重要抽样仿真，所有估计量均为 20000 次仿真的结果. 其中频域法的级数展开项取到 31 阶.

从表中可看出 GAM 近似法的效果最好，和理论结果相当接近，相对误差介于 0.04%—0.6%；其次是频域方法，相对误差约为 1%；然后是上界法给出的结果，相对误差介于 10%—12%；最后是下界法给出的结果，相对误差介于 31%—33%. 从定量评估的角度看，上、下界法虽然定出了可靠度的范围，但估计误差偏大，而频域分析法虽然精度尚可，但编程实现复杂，计算量大. 综合精度、计算量和编程复杂性，GAM 近似法是这几种逼近算法中最好的一个.

表 5-5　$M/M/1/K$ 可靠度估计(大时间尺度)

$K=7,\ \lambda=0.1,\ \mu=1$

t	上界法	下界法	频域法	GAM	理论解
1e+3	8.9865e−6	5.4115e−6	8.1256e−6	8.0933e−6	8.0400e−6
2e+3	1.7973e−5	1.0823e−5	1.6314e−5	1.6186e−5	1.6140e−5
4e+3	3.5945e−5	2.1646e−5	3.2690e−5	3.2373e−5	3.2339e−5
8e+3	7.1889e−5	4.3291e−5	6.5440e−5	6.4744e−5	6.4738e−5
1.6e+4	1.4377e−4	8.6581e−5	1.3094e−4	1.2948e−4	1.2953e−4

5.8　应用举例

某单位有6个通讯中继站，当某一个中继站故障时，依靠相邻的中继站仍可继续保持通讯畅通，但若相邻的两个或以上中继站故障时，则通讯保障失败. 中继站故障率主要起决于其中的某个模块，其失效率为 $\lambda = 2\times 10^{-4}$ 次/时. 该单位设有一维修组对失效模块进行维修，维修率为 $\mu = 0.02 \text{h}^{-1}$. 为了提高通讯保障能力，针对该模块专门配备了2个备用模块，当任一中继站故障时，均可用备用模块替换其中的失效模块. 维修好的模块优先用于该模块原先所属的中继站，但若该中继站已启用了备用模块，则修好的模块可任意地用于其他故障中继站，若无故障中继站，则作为备用模块. 求：1)系统的平均首次通讯保障失败时间(MTTF)；2)系统在保障周期内通讯保障失败的概率，设保障周期分别为 3, 4, 5, 6, 7 年.

上述系统是第 3, 4 章中所介绍的交叉贮备系统和 k-out-of-n(F)C 系统的组合. 以下简称为交叉贮备型 k-out-of-n(F)C 系统，用 k-out-of-n(F)C/m/s 符号表示. 其中 m 表示维修组个数，s 代表备件数. 所评估系统可表为 2-out-of-6(F)C/1/2.

由于 $\mu \gg n\lambda$，再加上 k-out-of-n(F)C 本身的特点以及备件的存在，上述系统为一高可靠性系统，评估难度较大. 为了得到可信的结果，分别用常规 NC 仿真方法和 NC-重要抽样方法对系统的 MTTF 进行估计. 所采用的计算机为 PIV 2.4G，512M 的 Win2000 工作站.

MTTF 的估计结果列于表 5-6. 其中，NC(间)代表采用基于(5-45)式的间接估计法对 MTTF 进行估计；NC(直)代表直接对 MTTF 进行估计；NC(间)+IS 代表采用 NC(间)结合加速失效重要抽样方案对 MTTF 进行估计. NC(间)+IS 所采用的加速失效变参数方案如下：

$$\begin{bmatrix} \lambda^* \\ \mu^* \end{bmatrix} = \begin{cases} [\lambda \quad \mu]^T, & \text{维修队列为空} \\ [\mu/r \quad r\lambda]^T, & \text{维修队列非空} \end{cases} \tag{5-79}$$

其中，$r \leqslant n$ 为当前正常工作的中继站数. 由于 k-out-of-n(F)C/m/s 系统无理论解，表中相对误差定义为 RE $= \sqrt{Var[\hat{J}]}/\hat{J}$.

表 5-6 通讯中继系统平均首次保障失败时间估计

$n=6, k=2, m=1, s=2, \lambda = 0.0002, \mu = 0.02$

算法	仿真次数	估计结果	CI90	RE	CPU(s)
NC(直)	8e+3	1.41016e+7	259767.4	1.119%	431.3
NC(间)	1e+8	1.44218e+7	302553.9	1.275%	612.6
NC(间)+IS	8e+4	1.42917e+7	112066.1	0.476%	0.85

从表中可看出在 NC(直)进行了 8000 次仿真(一次直接仿真约相当于 1.6 万次间接法仿真)，NC(间)进行了 1 亿次仿真以及 NC(间)+IS 进行了 80000 仿真后，三者得到的结果基本吻合. 其中，NC(间)+IS 的效果的估计精度最好，相对误差仅为 0.476%，用时仅为 0.85 秒，而 NC(直)花费了 7 分多钟，NC(间)用时超过 10 分钟. NC(间)+IS 比前两者的估计效率分别提高了 2700 多倍和 5200 多倍.

表 5-6 的结果充分证明了 NC(间)+IS 的有效性，在此基础上进行给定保障周期下通讯保障失败概率的估计. 按 5.6.5 节中的时间尺度分类，所给保障周期均属于大时间尺度，为了保证估计结果的稳健性，同时采用 GAM 分布逼近法和频域法进行估计，评估结果列于表 5-7.

表 5-7 通讯中继系统保障失败概率估计

$n=6, k=2, m=1, s=2, \lambda = 0.0002, \mu = 0.02$

算法\保障期	3 年	4 年	5 年	6 年	7 年
频域法	1.8341e-3	2.4487e-3	3.0629e-3	3.6767e-3	4.2900e-3
GAM 方法	1.8375e-3	2.4492e-3	3.0606e-3	3.6715e-3	4.2821e-3

从表中可以看出，两种方法得到的评估结果非常接近. 在上述几个保障周期内均可保证通讯保障概率不低于 99%.

5.9 本章小结

本章重点讨论了 NC 仿真框架下重要抽样方法的实现、构造和应用方面的问题. 对于广泛应用的 Markov-DEDS 仿真模型，NC 方法是常规仿真中效率最高的仿真算法，而重要抽样方法是当前少数几种对小概率事件系统仿真问题有效的评估手段之一，两者的结合为小概率事件仿真提供了一个良好的平台. 本章的重点内容大致分为四部分：

第一部分主要讨论了 NC-重要抽样仿真的一般框架. 给出了在该框架下 Z 序列似然函数的计算公式、变概率测度的动态变参数方案和 NC-重要抽样仿真的一般流程. 其中的动态变参数方案保证了变概率测度方案与 Z 序列的具体实现方式无关.

第二部分主要讨论了 NC-重要抽样仿真框架下，性能测度估计器的构造问题. 除了经典估计器外，文中还设计了另外两种形式的估计器: 比值估计器和控制变量估计器. 不同形式估计器下的结果有助于确认重要抽样方法的适用性.

第三部分以高可靠性系统仿真为切入点，给出了如何将现有的一些启发式重要抽样方案纳入 NC-重要抽样仿真框架. 除此之外，本章针对现有方法在解决中、大时间尺度下可靠性评估中存在的不足，提出了新的解决方案.

最后一部分是仿真实验和应用举例，这一部分的工作验证了前三部分工作的有效性.

第 6 章 Markov-DEDS 参数灵敏度估计

参数灵敏度估计在离散事件动态系统(DEDS)的分析、设计和优化方面具有重要的价值[2,108,125]. 由于缺乏易于求解的数学描述，计算机仿真一直是 DEDS 参数灵敏度估计的主要手段，很多时候甚至是唯一的手段. Markov 系统的性能评估及其参数灵敏度估计是应用中比较常见的一类问题，这类系统的性能评估问题可以通过非常简洁的仿真算法求解[55-61]，然而性能测度的参数灵敏度估计却颇具挑战. 构造通用、一致、高效的估计器，是性能测度参数灵敏度估计中的主要问题，但至今仍未得到很好的解决.

何毓琦[108]提出的无穷小扰动分析法(IPA)和 Reiman & Weiss[109]提出的似然比方法(LR)是 DEDS 灵敏度估计中具有代表性的仿真算法，但这两类方法对所应用的问题均有着严格的限制[108-111]. 文献[112]在 IPA 基础上提出了光滑扰动分析法(SPA)，该方法的应用条件较 IPA 宽,但仍存在不少限制. 近年来有关 Markov 系统的参数灵敏度估计取得了较大的突破. 文献[113],[114]提出了适用于离散 Markov 链参数灵敏度估计的结构无穷小扰动分析法(SIPA)，曹希仁等[115,116]提出了适用于离散 Markov 链参数灵敏度估计的基于扰动实现(Perturbation Realization)的方法，并在文献[116], [117]中进一步提出了适用于 Markov 系统稳态性能测度灵敏度估计的性能势(Potential)的方法. 文献[118]提出了适用于 Markov 系统稳态性能测度灵敏度估计的基于耦合的扰动分析法. 文献[116], [117]给出的算法较好地解决了 Markov 系统稳态性能测度参数灵敏度评估问题,但不适用于暂态性能测度的参数灵敏度估计. 在文献[119], [120]中，作者提出了适用于 Markov-DEDS 的 SPA-LR 估计器. 该估计器以 NON-CLOCK 仿真为基础，较好地解决了 Markov 系统的参数灵敏度估计问题，并具有数学描述简单、编程实现容易的特点.

本章着重在 SPA-LR 估计器的数学模型、仿真流程、估计量的提取、性能测度高阶灵敏度估计以及提高 SPA-LR 估计器效率几个方面展开讨论.

6.1 DEDS 参数灵敏度估计的一般描述

DEDS 中性能评估问题通常归结为以下形式：

$$J(\theta) = E[H(\theta,\omega)] \approx \frac{1}{N}\sum_{i=1}^{N}H(\theta,\omega_i) \tag{6-1}$$

其中，θ 为系统的参数，ω 为系统演化的随机过程，定义在概率空间(样本空间)上. ω_i 为第 i 次仿真的样本路径(曲线)，$H(\theta,\omega_i)$ 为从第 i 次仿真中得到的样本性能测度，N 为仿真的次数，由大数定理知，当 $N \to \infty$ 时，上述估计式收敛.

$\partial J(\theta)/\partial \theta$ 称为性能测度相对 θ 的灵敏度，灵敏度估计最简单的方法是采用差分估计法

$$\frac{\partial J(\theta)}{\partial \theta} = \frac{\partial E[H(\theta,\omega)]}{\partial \theta} \approx \frac{1}{N\Delta\theta}\left[\sum_{i=1}^{N}H(\theta+\Delta\theta,\omega_i) - \sum_{i=1}^{N}H(\theta,\omega_i)\right] \tag{6-2}$$

差分估计法存在两大缺陷：其一、估计结果通常是有偏的；其二、效率非常低，估计量收敛很慢而且包含大量的噪声. 华裔学者曹希仁[121]已证明：如果扰动样本路径和名义样本路径采用公共随机数流[2]，当且仅当 $N \cdot \Delta\theta \to \infty$ 时，(6-2)式才可能得到实际差分量的精确估计，如果不采用公共随机数流则需要 $N \cdot (\Delta\theta)^2 \to \infty$. 此外，当 θ 为向量时，对每个分量都要重复上述差分步骤，工作量十分巨大.

正由于上述原因，高效率的参数灵敏度估计算法受到了极大的关注，自 20 世纪 80 年代以来，先后提出了以 IPA 和 LR 方法为代表的一系列的方法，这些方法的共同特征是，根据对系统的先验知识直接从样本路径中提取有用的信息用于参数灵敏度估计而不需要构造扰动样本路径，从而避免了差分法仿真效率低下的问题.

6.2 NC 框架下性能评估问题简要回顾

设 $J(\theta)$ 为系统在参数 θ 下的性能测度，NC 方法用条件期望的形式得到系统性能测度的估计(见书中第 4 章)

$$J(\theta) = E[E[H(\theta,\omega)|z]] \approx \frac{1}{N}\sum_{i=1}^{N}E[H(\theta,\omega)|z_i] \tag{6-3}$$

其中，z_i 表示第 i 次仿真得到的状态——事件序列(Z 序列)，N 为仿真的次数，$E[H(\theta,\omega)|z]$ 为系统在序列 z 下的平均样本性能测度，对 Markov 系统可通过解析方法从 Z 序列中提取(具体见第 4 章).

与第 4 章类似，根据仿真时系统演化路径终止方式的不同，将灵敏度估计问题分成四种类型：

(1) Ⅰ型仿真：仿真终止于某个特定的状态子集 α；
(2) Ⅱ型仿真：仿真终止于给定的时间 T_s；

(3) Ⅲ型仿真：仿真终止于时间 T_s 或某个特定的状态子集 α ；

(4) Ⅳ型仿真：稳态型仿真，可转换成Ⅰ型或Ⅱ型仿真问题；

在上述四种仿真类型下，Z 序列的构造流程已在第 4 章给出，这里不再重复.

在系统参数灵敏度的估计中，我们同样希望给出一个类似(6-3)式的统一的估计公式. 需要指出的是，灵敏度估计不能通过对(6-3)式右端逐项求偏导得到，即不能认为

$$\hat{J}(\theta) \approx \frac{1}{N} \sum_{i=1}^{N} \frac{\partial}{\partial \theta} E[H(\theta,\omega)|z_i] \tag{6-4}$$

这种处理方法正是 IPA 或 SPA 方法的处理思路. 随后我们将指出，这种方法存在非常明显的缺陷，仅在所谓"确定性相似"（θ 的扰动不会造成 Z 序列的变动）条件下才能得到正确的结果，通常情况下无法给出正确的评估结果.

6.3 参数灵敏度的 SPA-LR 估计器

定理 6-1 对给定的 Markov 离散事件动态系统 $\{X,E,f,\Gamma,\Theta\}$，设 $J(\theta)$ 为系统在参数 $\theta \in \Theta$ 下的性能测度，z 为仿真得到的用于评估 $J(\theta)$ 的状态——事件序列(Z 序列). 则有

$$\frac{\partial J(\theta)}{\partial \theta} = E\left[\frac{\partial E[H(\theta,\omega)|z]}{\partial \theta}\right] + E\left[E[H(\theta,\omega)|z]\frac{\partial g(z)}{\partial \theta}\right], \quad \theta \in \Theta \tag{6-5}$$

其中

$$g(z) \equiv \ln P(z) \tag{6-6}$$

$P(z)$ 为 Z 序列的似然函数，即该序列出现的概率.

证明 记系统在给定的初始状态至仿真结束所有可能的 Z 构成的样本空间为 Ω，则有

$$J(\theta) = E\big[E[H(\theta,\omega)|z]\big] = \sum_{z \in \Omega} E[H(\theta,\omega)|z]P(z) \tag{6-7}$$

(6-4)式对 θ 求偏导，得到

$$\frac{\partial J(\theta)}{\partial \theta} = \sum_{z \in \Omega} \frac{\partial E[H(\theta,\omega)|z]}{\partial \theta} P(z) + \sum_{z \in \Omega} E[H(\theta,\omega)|z]\frac{\partial \ln P(z)}{\partial \theta} P(z) \tag{6-8}$$

根据随机变量函数的数学期望的性质[70]，(6-8)式又可写为

$$\frac{\partial J(\theta)}{\partial \theta} = E\left[\frac{\partial E[H(\theta,\omega)|z]}{\partial \theta}\right] + E\left[E[H(\theta,\omega)|z]\frac{\partial \ln P(z)}{\partial \theta}\right] \tag{6-9}$$

注意到 $g(z) \equiv \ln P(z)$，即可由上式直接得到(6-5)式，从而完成定理 6-1 的证明.

(6-5)式中等式后第一项形式上恰好是灵敏度的光滑扰动分析(SPA)[112]，它反映了当事件序列不变(即"确定性相似")时性能测度对 θ 的灵敏度，第二项形式上正好是灵敏度的似然比估计(LR)[109]，它反映了由 θ 引起的事件序列扰动造成的系统性能测度的改变. 定理 6-1 表明，在 NC 仿真框架下总的灵敏度为 SPA 部分和 LR 部分估计结果之和，单独采用 SPA 或 LR 方法均难以给出灵敏度的一致估计. 以下称定理 6-1 给出的参数灵敏度估计器为 SPA-LR 估计器.

根据定理 6-1，$\partial J(\theta)/\partial\theta$ 的无偏估计为

$$\frac{\partial \hat{J}(\theta)}{\partial \theta} = \frac{1}{N}\sum_{i=1}^{N}\left(\frac{\partial E[H(\theta,\omega)|z_i]}{\partial \theta} + E[H(\theta,\omega)|z_i]\frac{\partial g(z_i)}{\partial \theta}\right) \tag{6-10}$$

其中，N 为独立仿真的次数，z_i 为第 i 次仿真的得到的 Z 序列.

应用 SPA-LR 估计器估计 $\partial J(\theta)/\partial\theta$，每次仿真时需要从 Z 序列 z_i 中提取三个样本特征量：$E[H(\theta,\omega)|z_i]$，$\partial E[H(\theta,\omega)|z_i]/\partial\theta$ 和 $\partial g(z_i)/\partial\theta$. 在第 4 章已指出 $E[H(\theta,\omega)|z_i]$ 可通过解析方法得到，因此 $\partial E[H(\theta,\omega)|z_i]/\partial\theta$ 亦可通过解析计算得到. 所以 SPA-LR 估计器应用的前提是 $\partial g(z_i)/\partial\theta$ 可用解析方法得到. 在第 5 章重要抽样方法中已经给出了似然函数 $P(z_i)$ 的解析计算公式，因此 $\partial g(z_i)/\partial\theta$ 的计算没有原则上的困难.

以下分别按照 Z 序列的"最小化实现"和"均匀化实现"来阐述 $\partial g(z_i)/\partial\theta$ 的计算问题. 为描述方便，记系统的参数集为 $\Theta\equiv\{\lambda_i|i\in E\}$，所分析的参数为 $\theta\in\Theta$. 同时引入第 4，5 章所用符号：$\Lambda(x) = \sum_{j\in\Gamma(x)}\lambda_j$ 和 $\Lambda = \sum_{i\in E}\lambda_i$.

定理 6-2 设性能评估问题为 I 型仿真问题，即性能测度与系统从初始状态演化到某些特定的状态子集的动态过程相关. 若按照"最小化实现"构造 Z 序列，则有

$$\frac{\partial g(z)}{\partial \theta} = \sum_{k=1}^{n(z)}\left[\frac{\partial \lambda_{e_k}/\partial \theta}{\lambda_{e_k}} - \frac{\partial \Lambda(x_{k-1})/\partial \theta}{\Lambda(x_{k-1})}\right] \tag{6-11}$$

其中，$n(z)$ 为 Z 序列的长度(等于事件发生的次数)，$e_k\in E$ 为 Z 序列中第 k 个事件.

证明 第 5 章已给出，对 I 型仿真问题，采用"最小化实现"抽样 Z 序列，对应的似然函数为

$$P(z) = p(x_0)p(e_1|x_0)p(e_2|x_1)\cdots p(e_{n(z)}|x_{n(z)-1}) \tag{6-12}$$

其中，$p(x_0)$ 为初始状态分布概率(对给定的初始状态 $p(x_0)=1$)，与参数 θ 无关，$p(e_k|x_{k-1})$ 为状态 x_{k-1} 下发生事件 e_k 的概率，对常规实现

$$p(e_k|x_{k-1}) = \frac{\lambda_{e_k}}{\Lambda(x_{k-1})} \tag{6-13}$$

将上式代入(6-12)式后,对后者取对数,再对 θ 求偏导,即完成定理 6-2 的证明.

在第 4 章已指出,基于"最小化实现"的 NC 仿真仅适用于 I 型仿真和 IV 型仿真问题(视为 I 型仿真的特例),具有较强的限制. 基于"均匀化实现"的 NC 仿真则没有上述限制,适用于任意的评估问题. 下面给出"均匀化实现"下 $\partial g(z)/\partial \theta$ 的一般公式.

定理 6-3 对于任意的性能评估问题,若采用"均匀化实现"构造 Z 序列,则有

$$\frac{\partial g(z)}{\partial \theta} = \sum_{k=1}^{n(z)} \frac{\partial \lambda_{e_k}/\partial \theta}{\lambda_{e_k}} - E[T_n | z] \qquad (6\text{-}14)$$

其中, $E[T_n | z]$ 为系统在序列 z 下,仿真终止时间 T_n 的条件期望. 满足:

1) 对 I 型仿真问题

$$E[T_n | z] = \frac{n(z)}{\Lambda} \qquad (6\text{-}15)$$

2) 对 II 型仿真问题(终止时间 T_s 给定)

$$E[T_n | z] = T_s \qquad (6\text{-}16)$$

3) 对 III 型仿真问题

$$E[T_n | z] = T_s - \frac{\tilde{n} - n(z)}{\Lambda} \qquad (6\text{-}17)$$

(6-17)式中 $\tilde{n} \geq n(z)$ 为按照 III 型仿真流程抽样出的 T_s 时间内可能的游走事件数,$n(z)$ 为仿真终止时的实际游走事件数,具体见 4.3.2 节的描述. IV 型仿真问题可转化为 I 型或 II 型问题处理.

证明 5.3.1 节中已给出,对于 I 型仿真问题,若 Z 序列采用"均匀化实现",相应的似然函数为

$$P(z) = p(x_0)p(e_1|x_0)p(e_2|x_1)\cdots p(e_{n(z)}|x_{n(z)-1}) \qquad (6\text{-}18)$$

其中, $p(e_k|x_{k-1})$ 为 x_{k-1} 下游走事件 e_k 发生的概率

$$P\{e_k|x_{k-1}\} = \frac{\lambda_{e_k}}{\Lambda} \qquad (6\text{-}19)$$

(6-18)式两边取对数,再对 θ 求偏导,得到

$$\frac{\partial g(z)}{\partial \theta} = \sum_{k=1}^{n(z)} \frac{\partial \lambda_{e_k}/\partial \theta}{\lambda_{e_k}} - \sum_{k=1}^{n(z)} \frac{\partial \Lambda/\partial \theta}{\Lambda} \qquad (6\text{-}20)$$

注意到 $\theta \in \Theta \equiv \{\lambda_i | i \in E\}$,$\Lambda = \sum_{i \in E} \lambda_i$,因而 $\partial \Lambda/\partial \theta \equiv 1$,故有

$$\sum_{k=1}^{n(z)}\frac{\partial \Lambda/\partial \theta}{\Lambda}=\frac{n(z)}{\Lambda} \tag{6-21}$$

因此对 I 型仿真定理 6-3 成立. 还可看出, 在 "均匀化实现" 下, (6-13)式和定理 6-2 中的(6-11)式等价.

对于 II 型仿真, 即仿真终止时间恒为 T_s, 由(5-19)式, 在 "均匀化实现" 下, Z 序列的似然函数为

$$P(z)=p(x_0)\left(\prod_{i=1}^{n(z)}\frac{\lambda_{e_k}}{\Lambda}\right)\frac{(\Lambda T_s)^{n(z)}\mathrm{e}^{-\Lambda T_s}}{n(z)!} \tag{6-22}$$

取对数后, 对 θ 求偏导, 得到

$$\frac{\partial g(z)}{\partial \theta}=\sum_{k=1}^{n(z)}\frac{\partial \lambda_{e_k}/\partial \theta}{\lambda_{e_k}}-T_s \tag{6-23}$$

故对 II 型仿真定理 6-3 亦成立.

对于 III 型仿真, 由(5-19)式, Z 序列的似然函数为

$$P(z)=p(x_0)\left(\prod_{i=1}^{n(z)}\frac{\lambda_{e_k}}{\Lambda}\right)\frac{(\Lambda T_s)^{\tilde{n}}\mathrm{e}^{-\Lambda T_s}}{\tilde{n}!} \tag{6-24}$$

取对数后, 对 θ 求偏导, 得到

$$\frac{\partial g(z)}{\partial \theta}=\sum_{k=1}^{n(z)}\frac{\partial \lambda_{e_k}/\partial \theta}{\lambda_{e_k}}+\frac{\tilde{n}-n(z)}{\Lambda}-T_s \tag{6-25}$$

将上式和(6-14)式、(6-17)式对比, 即可完成对定理 6-3 的证明.

定理 6-1—定理 6-3 给出了 Markov-DEDS 参数灵敏度估计的一个简洁的解决方案. 尤其是定理 6-3, 基于均匀化实现 NC 方法的 SPA-LR 估计器, 既解决了灵敏度估计的普适性问题, 保持了公式的统一性和简练性. 需要指出的是, SPA-LR 估计器将灵敏度的估计问题变得和普通的性能评估问题一样方便, 通过 N 次仿真就可以同时得到系统性能测度及其对任意参数的灵敏度估计, 并不需要产生扰动样本, 并且当 θ 为向量时, 可以同时估计出所有的偏导数.

6.4 稳态性能测度的灵敏度估计

第 4 章已指出, 对于 Markov 型稳态 DEDS, 通过采用再生法仿真, 稳态性能测度的估计问题, 可以转化为 I 型仿真问题处理. 此时, 性能测度一般具有以下形式:

$$J(\theta)=\frac{E[H]}{E[T]}=\frac{E[E[H\mid z]]}{E[E[T\mid z]]},\quad H\equiv\int_0^T h(\theta,x)\mathrm{d}\tau \tag{6-26}$$

其中，T 为再生周期，$h(\theta,x)$ 为系统状态的函数，H 为再生周期内的样本性能测度.

通过 N 个再生周期的仿真，分别估计出(6-26)式中的两个均值，即可估计出 $J(\theta)$. 由于再生周期内的仿真属于 I 型仿真，故稳态型仿真可视为 I 型仿真的特例.

上式对 θ 求偏导，得到

$$\frac{\partial J(\theta)}{\partial \theta}=\frac{1}{E^{2}[T]}\left(\frac{\partial E[H]}{\partial \theta}E[T]-E[H]\frac{\partial E[T]}{\partial \theta}\right) \tag{6-27}$$

该式表明，只要估计出 $\partial E[H]/\partial\theta$ 和 $\partial E[T]/\partial\theta$，即可得到 $\partial J(\theta)/\partial\theta$ 的估计.

在再生法仿真框架下，$\partial E[H]/\partial\theta$ 和 $\partial E[T]/\partial\theta$ 的估计算法和其他 I 型仿真灵敏度估计问题完全相同，因此 Markov-DEDS 的稳态参数灵敏度估计问题亦可转化为 I 型仿真的灵敏度估计问题. 在估计器(6-27)下，$\partial J(\theta)/\partial\theta$ 的置信区间及其方差估计见第 7 章.

6.5　高阶导数的估计

参数灵敏度高阶导数的估计对仿真优化问题具有特殊的价值，但目前很少有文献对此进行讨论. 在一阶 SPA-LR 灵敏度估计器的基础上，很容易导出系统性能测度高阶导数的估计.

为避免推导时数学公式过于冗长，首先将上一节给出的一阶灵敏度公式改为矢量形式. 设 $\theta=[\theta_1,\theta_2,\cdots,\theta_n]^{\mathrm{T}}$，其中 $\theta_i\in\Theta$，定义

$$r(z)\equiv E[H(\theta,\omega)|z], \quad g(z)\equiv\ln P(z), \quad \nabla\equiv\left(\frac{d}{d\theta}\right)=\left[\frac{\partial}{\partial\theta_1},\cdots,\frac{\partial}{\partial\theta_n}\right]^{\mathrm{T}} \tag{6-28}$$

则 SPA-LR 估计器的矢量表达式为

$$\nabla J(\theta)=E[\nabla r(z)]+E[r(z)\nabla g(z)] \tag{6-29}$$

对应的 $\nabla J(\theta)$ 的无偏估计量的矢量表达式为

$$\nabla\hat{J}(\theta)=\frac{1}{N}\sum_{i=1}^{N}[\nabla r(z_i)+r(z_i)\nabla g(z_i)] \tag{6-30}$$

其中，若 Z 序列采用最小化实现，则 $\nabla g(z_i)$ 表达式为

$$\nabla g(z)=\sum_{k=1}^{n(z)}\left[\lambda_{e_k}^{-1}\nabla\lambda_{e_k}-\Lambda_{k-1}^{-1}\nabla\Lambda_{k-1}\right] \tag{6-31}$$

若 Z 序列采用均匀化实现，对应的 $\nabla g(z_i)$ 表达式为

$$\nabla g(z) = \sum_{k=1}^{n(z)} \left[\lambda_{e_k}^{-1} \nabla \lambda_{e_k} - E[T_s | z] \cdot \mathbf{1} \right] \quad (6\text{-}32)$$

其中，$\mathbf{1} = [1,1,\cdots,1]^T$.

下面给出性能测度对系统参数任意阶导数(性能测度自身视为 0 阶偏导数)的通用估计公式.

定理 6-4 设 z 为系统状态演化过程的 Z 序列，$\theta = [\lambda_1, \lambda_2, \cdots, \lambda_m]^T$ 为系统参数构成的列向量，则

$$\nabla^{(q)} J(\theta) \equiv \frac{d^{(q)} J(\theta)}{d\theta^q} = E[Y^{(q)}(\theta | z)], \quad q = 1, 2, \cdots \quad (6\text{-}33)$$

其中，$Y^{(q)}(\theta | Z)$ 是 m^q 维列向量，满足以下递推关系式

$$\begin{cases} Y^{(0)}(\theta | z) = r \\ Y^{(q)}(\theta | z) = \dfrac{dY^{(q-1)}(\theta | z)}{d\theta} + Y^{(q-1)}(\theta | z) \otimes \nabla g, \quad q = 1, 2, \cdots \end{cases} \quad (6\text{-}34)$$

$$r \equiv E[H(\theta, \omega) | z], \quad g \equiv \ln p(z) \quad (6\text{-}35)$$

(6-34)式中符号"$\otimes$"代表 Kronecker 张量积.

证明 采用数学归纳法进行证明. 当 $q=0$ 时，(6-33)式显然成立. 假定该式在 $q=k-1$ 时也成立，即

$$\nabla^{(k-1)} J(\theta) = E[Y^{(k-1)}(\theta | z)] = \sum_{z \in \Omega} Y^{(k-1)}(\theta | z) \cdot p(z) \quad (6\text{-}36)$$

(6-36)式对 θ 求导，得到

$$\nabla^{(k)} J(\theta) = \sum_{z \in \Omega} \frac{dY^{(k-1)}(\theta | z)}{d\theta} p(z) + \sum_{z \in \Omega} (Y^{(k-1)}(\theta | z) \otimes \nabla g) p(z) \quad (6\text{-}37)$$

由随机变量函数的数学期望的性质[70]，可得

$$\nabla^{(k)} J(\theta) = E\left[\frac{dY^{(k-1)}(\theta | z)}{d\theta} p(z) + Y^{(k-1)}(\theta | z) \otimes \nabla g \right] = E[Y^{(k)}(\theta | z)] \quad (6\text{-}38)$$

即 $q=k$ 时(6-33)式亦成立，从而完成了定理 6-4 的证明.

根据定理 6-4，$\nabla^{(q)} J(\theta)$ 的无偏估计为

$$\nabla^{(q)} \hat{J}(\theta) = \frac{1}{N} \sum_{i=1}^{N} Y_i^{(q)}(\theta | z_i) \quad (6\text{-}39)$$

当 $q=1$ 时，通过简单的计算就可看出

$$Y^{(1)}(\theta | z) = \nabla f + f \cdot \nabla g \quad (6\text{-}40)$$

这一结论和(6-5)式、(6-29)式相同.

当 $q=2$ 时,将 $Y^{(2)}(\theta|z)$ 描述成 $m\times m$ 阶矩阵的形式,要比 m^2 维列向量更为方便,此时

$$Y^{(2)}(\theta|z) = \nabla_H^2 f + f\cdot\nabla_H^2 g + \nabla f(\nabla g)^T + \nabla g(\nabla f)^T + f\cdot\nabla g(\nabla g)^T \tag{6-41}$$

其中,$\nabla_H^2 = \left[\dfrac{\partial}{\partial\theta_i\partial\theta_j}\right](i,j=1,\cdots,m)$ 为 Hessian 矩阵算子.

6.6 灵敏度估计算法检验

以 M/M/1/K 或 M/M/1 队列为研究对象,这类系统在应用中比较具有代表性,理论分析亦非常完善(见文献[63]),用来确认灵敏度估计算法的有效性非常合适. 设顾客到达时间和服务时间分别服从参数为 λ,μ 的指数分布,取队长作为系统的状态变量,M/M/1/K(M/M/1)系统对应的五元组描述为

$$X = \{0,1,2,\cdots\},\quad E = \{1,2\},\quad \Theta = \{\lambda,\mu\} \tag{6-42}$$

$$\Gamma(x) = \begin{cases}\{1,2\}, & x>0\\ \{1\}, & x=0\end{cases},\quad f(x,e) = \begin{cases}x+1, & e=1\\ x-1, & e=2\end{cases} \tag{6-43}$$

其中,"1"表示顾客到达事件,"2"表示顾客离去事件.

6.6.1 *M/M/1/K* 队列平均崩溃时间的参数灵敏度估计

M/M/1/K 系统的崩溃时间 T_F 为随机变量,定义为在给定的初始状态下,队长首次超出队列容量 K 所需的时间. 平均崩溃时间 $E[T_F]$ 常用于评估通信网络的可靠性[56,84]. 在本例中所评估指标为 $\partial E[T_F]/\partial\lambda$,$\partial E[T_F]/\partial\mu$.

该评估问题属于 I 型仿真问题,Z 序列既可采用"最小化实现"也可采用"均匀化实现",这里采用"最小化实现". 以队长作为系统的状态量,队长大于 K 作为仿真结束标志,构造系统演化的 Z 序列. 设第 i 次仿真得到的样本序列为 $z_i = Z[\{x_{k-1},e_k\},k=1,\cdots n]$,由(6-9)式知需要从本次仿真中提取的特征量为 $E[T_F|z_i]$,$\partial E[T_F|z_i]/\partial\theta$ 和 $\partial g(z_i)/\partial\theta$,其中 $\theta\in\{\lambda,\mu\}$.

设相邻事件的时间间隔为 τ_k,根据 Markov 系统的特点,T_F 在 z_i 下的条件期望为

$$E[T_F|z_i] = E\left[\sum_{k=1}^n \tau_k\,\Big|\,z_i\right] = \sum_{k=1}^n E[\tau_k|x_{k-1}] = \sum_{k=1}^n \frac{1}{\Lambda(x_{k-1})} \tag{6-44}$$

(6-44)式对 θ 求偏导,得到

$$\frac{\partial}{\partial \theta} E[T_F \mid z_i] = -\sum_{k=1}^{n} \frac{\partial \Lambda(x_{k-1})/\partial \theta}{[\Lambda(x_{k-1})]^2}, \quad \theta \in \{\lambda, \mu\} \tag{6-45}$$

又根据系统的定义,得

$$\lambda_{e_k} = \begin{cases} \lambda, & e_k = 1 \\ \mu, & e_k = 2 \end{cases}, \quad \Lambda(x_{k-1}) = \begin{cases} \lambda, & x_{k-1} = 0 \\ \lambda + \mu, & x_{k-1} > 0 \end{cases} \tag{6-46}$$

据此,可确定出

$$\left[\frac{\partial \lambda_{e_k}}{\partial \lambda} \quad \frac{\partial \lambda_{e_k}}{\partial \mu}\right] = \begin{cases} [1 \ 0], & e_k = 1 \\ [0 \ 1], & e_k = 2 \end{cases} \tag{6-47}$$

$$\left[\frac{\partial \Lambda(x_{k-1})}{\partial \lambda} \quad \frac{\partial \Lambda(x_{k-1})}{\partial \mu}\right] = \begin{cases} [1 \ 1], & x_{k-1} > 0 \\ [1 \ 0], & x_{k-1} = 0 \end{cases} \tag{6-48}$$

将(6-46)—(6-48)式代入到(6-45)式,即可确定出所需的三个特征量. 对系统进行 N 次独立仿真,重复上述步骤,由(6-9)式即得到 $E[T_F]$ 的参数灵敏度的估计.

取初始时刻队列为空,表 6-1 给出了 $M/M/1/7$ 系统在不同顾客到达率 λ 和服务率 μ 下,平均崩溃时间的参数灵敏度估计. 利用 NC 可并发构造多参数集下的 Z 序列的特点,表中所有的估计结果可同时得到. 表中所得结果为 8000 次仿真的评估结果,每一单元格为向量 $[\partial E[T_F]/\partial \lambda, \partial E[T_F]/\partial \mu]$. EST 和 CI90 分别为估计结果和 90%置信区间半长.

表 6-1 $M/M/1/7$ 队列平均崩溃时间参数灵敏度估计(N=8000)

[λ, μ]		[0.6, 1]	[0.72, 1]	[0.84, 1]
SPA 部分		[−370.2, −125.7]	[−116.4, −52.50]	[−49.65, −27.09]
LR 部分		[−2596.6, 1557.9]	[−790.4, 569.1]	[−284.5, 239.0]
SAP-LR	EST	[−3062.8, 1489.8]	[−901.4, 512.8]	[−334.9, 212.5]
	CI90	[269.0, 179.6]	[67.8, 47.1]	[22.1, 17.7]
理论解		[−3182, 1563]	[−894.0, 508.4]	[−331.8, 210.2]

从表中可看出:和理论结果相比,SPA-LR 估计器的最大相对误差小于 5%,而单独使用 SPA 或 LR 估计器,均无法得到准确的估计结果.

图 6-1 与图 6-2 分别给出了 $\lambda = 0.72$,$\mu = 1$ 时,由 SPA-LR 估计器和差分估计器得到的 $M/M/1/7$ 系统参数灵敏度估计量随仿真次数的收敛曲线,图中的横线为理论结果. 差分法所选用的差分步长分别为 $\Delta \lambda = 0.01$,$\Delta \mu = 0.01$(差分步长不宜太小,见 6.1 节). 从图中可清晰地看出,SPA-LR 估计器的收敛效率和曲线的平滑程度均明显优于差分估计器. 此外,由于对每个偏导数都需要额外构造 N 条扰动样本路径,差分估计器实际上进行了 $3N$ 次的仿真,工作量远高于 SPA-LR 估计器.

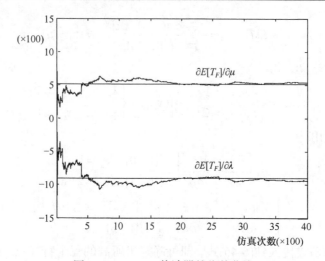

图 6-1 SPA-LR 估计器的收敛曲线

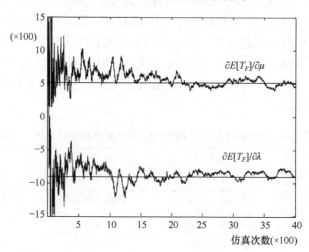

图 6-2 差分估计器的收敛曲线

6.6.2 $M/M/1/K$ 队列瞬时溢出概率的参数灵敏度估计

系统 t 时刻溢出概率定义为：在初始队列为空的条件下，$[0,t]$ 时间内队长超出队列容量 K 的概率 P. 感兴趣的指标为 P 对 λ,μ 的灵敏度.

这是一个典型的Ⅲ类仿真问题. 按照"均匀化实现"构造 Z 序列，并进行 N 次仿真. 每次仿真若系统未溢出则记为 0，反之记为 1，最后按照定理 6-1 和定理 6-3 给出的公式即可计算出 P 对 λ,μ 的偏导数. 由于样本性能测度与 λ,μ 无显式关系，本例中 SPA 部分的结果为 0，LR 部分即为最后的结果.

表 6-2 给出了 $M/M/1/7$ 系统在 $t=50$ 时，溢出概率的灵敏度估计. 表 6-2 为 8000

次仿真的结果，其中每一个单元格为向量$[\partial P/\partial \lambda, \partial P/\partial \mu]$，CI90 为 90%置信区间半长. 从表中可看出，SPA-LR 估计器所得结果和理论解一致.

表 6-2　$M/M/1/7$ 系统瞬时溢出概率的灵敏度估计(N=8000)

$[\lambda, \mu]$	[0.5, 1]	[0.6, 1]	[0.7, 1]
SAP-LR	[−0.4773, 0.1911]	[−0.9190, 0.5349]	[−1.510, 0.8515]
CI90	[0.1746, 0.1252]	[0.1478, 0.1203]	[0.1210, 0.1087]
理论解	[−0.4959, 0.1998]	[−1.033, 0.4887]	[−1.589, 0.8564]

6.6.3　$M/M/1/K$ 系统$[0,T]$时间内平均队长的灵敏度估计

$M/M/1/K$ 系统$[0,T]$时间内平均队长定义为

$$E[\tilde{L}] = \frac{1}{T} E\left[\int_0^T x(t)\mathrm{d}t\right] \tag{6-49}$$

该评估问题属于 Ⅱ 型仿真. 设初始队列为空，按"均匀化实现"构造 Z 序列，假定第 i 次仿真的 Z 序列为 $z_i = [\{x_{k-1}, e_k\}, k=1,\cdots,n]$，则由定理 4-2 知

$$E[\tilde{L}|z_i] = \frac{1}{n+1}\sum_{k=1}^{n+1} x_{k-1} \tag{6-50}$$

从(6-50)式可看出，平均样本性能测度和 λ, μ 无显式关系. 因此本例中 LR 部分的估计结果，即为最终的估计结果.

对系统进行 N 次独立仿真，按照定理 6-1 和定理 6-3 给出的公式即可计算出 $E[\tilde{L}]$ 对 λ, μ 的偏导数. 表 6-3 给出了 $M/M/1/7$ 系统在[0,400]内平均队长的参数灵敏度估计. 表中每一个单元格内为向量$[\partial E[\tilde{L}]/\partial \lambda, \partial E[\tilde{L}]/\partial \mu]$，CI90 为 90%置信区间半长，所得结果为 8000 次仿真的结果. SPA-LR 估计器所得结果和理论解符合的很好.

表 6-3　$M/M/1/7$ 系统$[0, 400]$内平均队长的灵敏度估计(N=8000)

$[\lambda, \mu]$	[0.5, 1]	[0.6, 1]	[0.7, 1]
SAP-LR	[3.504, −1.800]	[4.283, −2.661]	[5.137, −3.577]
CI90	[0.120, 0.080]	[0.145, 0.108]	[0.170, 0.136]
理论解	[3.446, −1.714]	[4.321, −2.578]	[5.078, −3.531]

6.6.4　$M/M/1/K$ 队列稳态平均队长的参数灵敏度估计

记稳态平均队长为 L，所评估的性能指标为 $\partial L/\partial \lambda$ 及 $\partial L/\partial \mu$. 用再生法对系统性能测度进行估计. 取空队列为 $M/M/1/K$ 系统的再生状态，引入随机向量

$$\begin{bmatrix} L_c \\ C \end{bmatrix} = \begin{bmatrix} \text{"再生周期内队长的积分"} \\ \text{"再生周期"} \end{bmatrix} \tag{6-51}$$

按照 6.4 节给出的公式,可得

$$L = \frac{E[L_c]}{E[C]} = \frac{E[E[L_c|z]]}{E[E[C|z]]} \tag{6-52}$$

$$\frac{\partial L}{\partial \theta} = \frac{1}{E[C]^2}\left(\frac{\partial E[L_c]}{\partial \theta}E[C] - E[L_c]\frac{\partial E[C]}{\partial \theta}\right), \quad \theta \in \{\lambda, \mu\} \tag{6-53}$$

显然,为了得到 L 及其参数灵敏度估计,需要分别估计出 $E[L_c]$, $E[C]$ 以及它们的对 λ, μ 的偏导数.

按"最小化实现"构造 Z 序列,对系统进行一次 N 个再生周期的仿真,设第 i 个再生周期内的 Z 序列为 $z_i = [\{x_{k-1}, e_k\}, k=1,2,\cdots,m]$,则有

$$E[L_c|z_i] = \sum_{k=1}^{m}\frac{x_{k-1}}{\Lambda(x_{k-1})}, \quad E[C|z_i] = \sum_{k=1}^{m}\frac{1}{\Lambda(x_{k-1})} \tag{6-54}$$

用和例 6.6.1 类似的公式计算出所需的特征量 $\partial E[L_c|z_i]/\partial \theta$, $\partial E[C|z_i]/\partial \theta$, $\partial g(z_i)/\partial \theta$,在此基础上估计出 $E[L_c]$, $\partial E[L_c]/\partial \theta$ 以及 $E[C]$, $\partial E[C]/\partial \theta$,最后由(6-53)式即可得到 L 的参数灵敏度估计.

表 6-4 给出了进行一次长度为 10000 个再生周期的仿真所得到的稳态平均队长及其参数灵敏度的估计. 表中每一个单元格内为向量 $[\partial L/\partial \lambda, \partial L/\partial \mu]$. 从表中可看出,稳态平均队长灵敏度估计的最大相对误差均小于 5%. 另外,而单独使用 SPA 或 LR 估计器,无法得到准确的估计结果.

表 6-4 $M/M/1/7$ 队列稳态平均队长的一阶灵敏度估计(N=10000)

	$[\lambda, \mu]$	[0.6, 1]	[0.72, 1]	[0.8, 1]
	SPA 部分	[0.621, −0.373]	[0.576, −0.403]	[0.530, −0.424]
	LR 部分	[3.620, −2.172]	[4.703, −3.292]	[5.121, −4.097]
SAP-LR	EST	[4.241, −2.545]	[5.279, −3.695]	[5.651, −4.521]
	CI90	[0.347, 0.208]	[0.436, 0.350]	[0.452, 0.361]
	理论解	[4.397, −2.638]	[5.297, −3.814]	[5.621, −4.497]

6.6.5 $M/M/1$ 队列稳态平均队长的高阶参数灵敏度估计

$M/M/1$ 队列稳态平均队长具有非常简单的解析公式,便于对高阶灵敏度估计进行验证. 现将相关的公式罗列如下:

$$L = \frac{\lambda}{\mu - \lambda}, \quad \frac{\partial L}{\partial \lambda} = \frac{\mu}{(\mu - \lambda)^2}, \quad \frac{\partial L}{\partial \mu} = \frac{-\lambda}{(\mu - \lambda)^2} \tag{6-55}$$

$$\frac{\partial^2 L}{\partial \lambda^2} = \frac{2\mu}{(\mu - \lambda)^3}, \quad \frac{\partial^2 L}{\partial \lambda \partial \mu} = -\frac{\mu + \lambda}{(\mu - \lambda)^3}, \quad \frac{\partial^2 L}{\partial \mu^2} = \frac{2\lambda}{(\mu - \lambda)^3} \tag{6-56}$$

采用再生法仿真,以"最小化实现"构造 Z 序列,对系统进行一次 N 个再生周期的仿真,并用 6.4—6.5 节给出的公式对仿真子样进行处理,即可同时获得系统性能测度及其任意阶灵敏度的估计.

表 6-5 给出了进行一次长度为 8000 个再生周期的仿真所得到的 $M/M/1$ 稳态平均队长的一、二阶参数灵敏度的估计. 需要特别指出的是,表中的所有偏导数是同时得到的. 从表 6-5 中可看出,仿真结果和理论解基本一致. 其中,一阶偏导的最大相对误差小于 8%,二阶偏导的最大相对误差小于 16%.

表 6-5　$M/M/1$ 队列稳态平均队长的参数灵敏度估计

[$\partial L/\partial \lambda, \partial L/\partial \mu, \partial^2 L/\partial \lambda^2, \partial^2 L/\partial \lambda \partial \mu, \partial^2 L/\partial \mu^2$]

[λ, μ]	仿真结果	理论解
[0.6, 1]	[6.656, −3.993, 30.98, −25.24, 19.13]	[6.25, −3.75, 31.25, −25.0, 18.75]
[0.72, 1]	[12.93, −9.049, 67.40, −58.71, 50.15]	[11.11, −7.778, 74.07, −62.96, 51.85]
[0.8, 1]	[27.40, −21.92, 202.3, −198.2, 183.3]	[25.0, −20.0, 250.0, −225.0, 200.0]

从表 6-5 给出的数据,还可看出总体上高阶导数的估计精度不如低阶导数. 上述现象的定性解释是,所有这些偏导都是基于一条长度为 N 个再生周期的 Z 序列得到的. 对于性能测度的(零阶灵敏度)估计,几乎每个事件都会对样本性能测度产生影响,而对于灵敏度估计却并非如此,因为有些事件和参数 θ 无关. 这意味着灵敏度估计时只能从 Z 序列中提取相对有限的信息,因此估计一阶灵敏度,要比估计性能测度自身(零阶灵敏度)需要更多次数的仿真,评估结果的起伏也更为明显. 同样,估计高阶灵敏度要比估计低阶灵敏度需要更多次数的仿真.

图 6-3 给出的 $\hat{L}, \partial \hat{L}/\partial \lambda, \partial^2 \hat{L}/\partial \lambda^2$ 随再生周期数 N 的收敛曲线,非常直观的验证了上述说法. 图中为了便于比较,对估计结果采用了规范化处理,将它们除以相应的解析结果. 从图中可以明显地看出,估计性能测度 L(零阶灵敏度)的要比估计其他阶灵敏度更为容易,大约经 1000 个再生周期,L 即已收敛. 相比之下,$\partial \hat{L}/\partial \lambda$ 经 4000 个再生周期后才收敛,但仍比估计 $\partial^2 \hat{L}/\partial \lambda^2$ 更有效率,后者经 7000 个再生周期后才逐步收敛到稳定的结果.

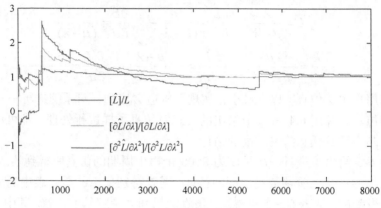

图 6-3 L 对 λ 的零阶、一阶、二阶偏导数收敛曲线($\lambda=0.6$, $\mu=1$)

6.7 提高灵敏度估计效率的方法

6.7.1 SPA-LR 估计器的收敛特征分析

许多介绍灵敏度估计算法的文献(如[108,111,124,125])都指出，IPA(SPA)方法的收敛性要优于 LR 方法. 根据 6.3 节中的分析，这一点不难理解，因为 LR 方法反映了由 θ 引起的事件序列扰动造成的系统性能测度的改变，由于 DEDS 固有的特性，状态随事件发生而跳跃. 因此 SPA-LR 估计器的收敛效率很大程度上取决于 LR 部分的估计量. 这一点我们可用图 6-4 所示的仿真算例予以直观的说明，该算例为 $M/M/1/K$ 队列首次平均溢出时间对顾客到达率的灵敏度，其详细说明见 6.6.1 节. 图中 3, 2, 1 三条曲线分别代表总估计量、LR 部分估计量和 SPA 部分估计量.

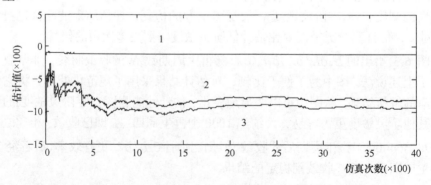

图 6-4 总估计量、LR 部分估计量和 SPA 部分估计量的收敛曲线

从图 6-4 可看出，SPA 部分显示出惊人的估计效率，几百次仿真后结果就收敛得很好，相比之下，LR 部分的收敛过程要慢得多，2000 次仿真之后，结果基本收敛，但仍存在小幅波动，总估计量的收敛过程和 LR 部分的收敛过程非常相似. 图 6-4 直观的表明，提高灵敏度估计的效率，关键在于提高 LR 部分估计量的效率.

6.7.2 通过缩短 Z 序列的长度提高估计效率

在 6.3 节中已指出 SPA-LR 估计器的 LR 部分反映了参数 θ 的扰动引起的 Z 序列扰动造成的系统性能测度的改变. 显然 Z 序列的长度越长，参数 θ 的扰动就越可能导致 Z 序列发生扰动，从而估计结果受 LR 部分的影响增大，增加了准确估计的难度. 事实上，在一些介绍 LR 估计器的文献中[124,125]，人们已经注意到这类现象：样本路径越长，估计量的方差越趋大，估计效率降低. 解决该问题的一个思路是尽可能缩短 Z 序列的长度.

- 设法提取系统演化过程中的再生结构

缩短 Z 序列长度的一个基本技巧是从系统的演化过程中提取出再生结构，并将原先的估计问题转变为与再生结构相关的等价估计问题. 对于稳态型仿真(Ⅳ型仿真)，这是一种常用的技巧，其实 Ⅰ 型仿真也可使用这种技巧. 下面以 6.6.1 节中 $M/M/1/K$ 队列平均崩溃时间 $E[T_F]$ 相对系统参数 λ, μ 的灵敏度估计为例.

在第 5 章曾指出 $E[T_F]$ 可表述成下述等价形式

$$E[T_F] = \frac{E[T_{\min}]}{\gamma} \tag{6-57}$$

其中，$\gamma = P\{T_F < T_0\}$，$T_{\min} = \min\{T_F, T_0\}$，$T_0$ 为 0 状态(空队列)对应的再生周期. 进而有

$$\frac{\partial E[T_F]}{\partial \theta} = \frac{1}{\gamma}\left\{\frac{\partial E[T_{\min}]}{\partial \theta} - E[T_F]\frac{\partial \gamma}{\partial \theta}\right\} \tag{6-58}$$

仿真时，记系统从 0 状态出发演化至再次回到 0 状态或者崩溃的过程为一个仿真轮回. 显而易见，仿真轮回实际上是一种特殊的再生结构. 通常 $\gamma \ll 1$，间接估计法一个轮回得到的 Z 序列要比直接估计法得到的 Z 序列短的多，这种处理方法可以比较有效地提高灵敏度的估计效率. Nalayama[128]对(6-58)式的间接估计器进行了详尽的分析.

表 6-6 给出了间接估计法的估计结果. 表中的数据为 $N=40000$ 个轮回的仿真结果，CI90 为 90%置信区间半长. 对比表 6-6 和表 6-1 可以看出，灵敏度的估计得到了明显的改善，首行数据最大相对误差小于 2.5%，后两行数据最大相对误差小于 1%.

表 6-6 $M/M/1/7$ 队列平均崩溃时间参数灵敏度估计(N=40000)

	$[\partial E[T_F]/\partial \lambda, \partial E[T_F]/\partial \mu] \pm$ CI90	
$[\lambda, \mu]$	SAP-LR(间接)	理论解
[0.6, 1]	[−3188, 1568] ± [176.6, 87.6]	[345.9, −3182, 1563]
[0.72, 1]	[−889.7, 505.9] ± [29.71, 17.10]	[135.3, −894.0, 508.4]
[0.84, 1]	[−331.2, 209.3] ± [7.53, 4.84]	[68.53, −331.8, 210.2]

需要说明的是，表 6-6 中为间接法 40000 个仿真轮回的结果，而表 6-1 中为直接法 8000 次的仿真结果. 表面上看起来似乎间接法的工作量远大于直接法，事实上，直接法一次仿真的 Z 序列平均包含 $E[T_F]/E[T_{\min}]=1/\gamma$ 个仿真轮回，因此间接法的实际仿真工作量并不比直接法大. 以第一组参数为例，当 $\lambda=0.6$，$\mu=1$ 时，$\gamma=1.139\times 10^{-2}$，平均下来一次直接仿真约相当于 $1/\gamma\approx 87$ 个轮回，直接法的实际的工作量约为间接法的 $8000\times 87/40000\approx 17.4$ 倍.

• 采用多段分解仿真策略

对于 II，III 型仿真，可采用第 5 章中曾用过的多段分解策略缩短 Z 序列，即将一个长时间的演化过程，分解为若干个短时间演化过程，通过逐个估计出每段的灵敏度估计量得到最终的估计量(图 6-5).

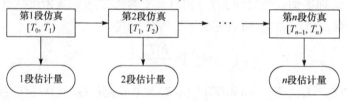

图 6-5 多段分解法仿真示意图

设 II，III 型仿真要求的仿真终止时间为 T，将 $[0, T]$ 区间划分为 n 个不重叠的时间段 $[T_{i-1}, T_i), i=1,2,\cdots,n$，其中 $T_0=0$，$T_n=T$. 每一个时间段，用图 6-6 所示的仿真过程求出阶段估计量. 图中的第 $i(i+1)$ 段初始可行状态集，对 II 型仿真指的是前一段仿真结束时刻的状态，对 III 型仿真指的是前一段仿真结束时刻未演化到 α 子集的那些状态.

仿真时，首先从第 i 段初始可行状态集抽样出初始状态 $X_i(0)$，然用通过 i 阶段仿真得到阶段估计量. 仿真终止时，记录下仿真结束时刻的状态(III 型仿真为非 α 状态)作为 $i+1$ 段初始可行状态.

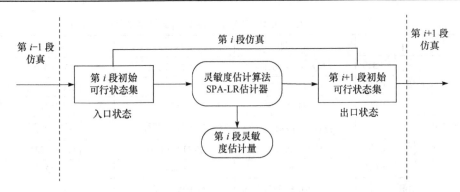

图 6-6 第 i 段仿真过程示意图

需要指出的是,和直接估计算法相比,多段分解算法通常不增加(或仅少量增加)仿真计算量. 这是因为两种算法实质上描述的都是$[0, T]$内的演化过程,只不过多段分解算法相当于在$T_i(i=1,2,\cdots,n)$时刻记录了一些中间量,而直接法不记录中间量而已. 多段分解算法的主要代价是需要两个额外的大数组,一个用于保存当前段的初始可行状态,另一个用于保存下一段的初始可行状态.

下面以 6.5.3 节 $M/M/1/K$ 系统$[0, T]$时间内平均队长的灵敏度估计为例,来说明多段分解仿真的好处. 首先将(6-49)式改写为下述形式

$$E[\tilde{L}] = \frac{1}{T}E\left[\int_0^T x(t)\mathrm{d}t\right] = \frac{1}{T}\sum_{i=1}^n E\left[\int_{T_{i-1}}^{T_i} x(t)\mathrm{d}t\right] = \sum_{i=1}^n c_i E[\tilde{L}_i] \quad (6\text{-}59)$$

其中

$$c_i \equiv \frac{T_i - T_{i-1}}{T}, \quad E[\tilde{L}_i] \equiv \frac{1}{T_i - T_{i-1}}E\left[\int_{T_{i-1}}^{T_i} x(t)\mathrm{d}t\right] \quad (6\text{-}60)$$

由(6-59)式,可得灵敏度的分段估计形式

$$\frac{\partial E[\tilde{L}]}{\partial \theta} = \sum_{i=1}^n c_i \frac{\partial E[\tilde{L}_i]}{\partial \theta} \quad (6\text{-}61)$$

灵敏度估计量的方差为

$$Var\left[\frac{\partial \hat{E}[\tilde{L}]}{\partial \theta}\right] = \sum_{i=1}^n c_i^2 Var\left[\frac{\partial \hat{E}[\tilde{L}_i]}{\partial \theta}\right] \quad (6\text{-}62)$$

表 6-7 给出了当 $T=4000$ 时,多段分解法所得估计结果和直接估计方法所得结果的对比. 其中 SPA-LR(分段)方法将$[0, T]$区间均匀地分为 10 段进行估计. 表中 EST 项为$[\partial E[\tilde{L}]/\partial \lambda, \partial E[\tilde{L}]/\partial \mu]$估计结果,CI90 项为 90%置信区间半长,CPU 项为算法所占用的 CPU 时间. 表 6-7 为 8000 次仿真的结果.

表 6-7　M/M/1/7 系统[0, 4000]内平均队长的灵敏度估计(N=8000)

[λ, μ]		[0.5, 1]	[0.6, 1]	[0.7, 1]
SPA-LR(直接)	EST	[4.617, −1.561]	[5.432, −3.521]	[7.334, −4.780]
	CI90	[1.573, 1.137]	[2.056, 1.588]	[2.569, 2.179]
	CPU	8.015s	8.875s	9.453s
SPA-LR(分段)	EST	[3.606, −1.681]	[4.357, −2.772]	[5.265, −3.771]
	CI90	[0.167, 0.117]	[0.212, 0.164]	[0.264, 0.221]
	CPU	8.140s	8.688s	9.312s
理论解		[3.491, −1.745]	[4.389, −2.632]	[5.166, −3.614]

从表中可看出，当 T 很大时，直接估计法的效率显著降低，估计结果的误差及其置信区间均很大，而多段分解方法的结果和理论解接近．在 CPU 时间基本相同的情况下(稍感意外的是)当 $\lambda=0.6,0.7$ 时分段估计所耗 CPU 时间还要小于直接估计)，后者将置信区间减小了将近 10 倍，仿真效率提高了将近 100 倍．

6.7.3　减小灵敏度估计方差的控制变量法

控制变量法[2]的基本原理在 5.3.3 节中已经进行了简要介绍．设随机变量 X 为样本性能测度，$E[X]$ 为待估计的性能测度，它的基本思想是寻找一个均值已知且与 X 相关的随机变量 Y，从而构造一个新的随机变量

$$X_c = X - \alpha(Y - E[Y]) \tag{6-63}$$

由于 $E[X_c] = E[X]$，$E[X_c]$ 亦为性能测度的无偏估计．当取

$$\alpha = \frac{Cov[X,Y]}{Var[Y]} \tag{6-64}$$

时，X_c 的方差取得极小，且有

$$Var[X_c] = Var[X] - \frac{Cov^2[X,Y]}{Var[Y]} \leqslant Var[X] \tag{6-65}$$

即估计器 $E[X_c]$ 优于 $E[X]$．

控制变量法方差衰减的效果取决于 X 与 Y 之间的相关性，相关性越强效果越显著．但即便是 X 和 Y 完全不相关，也不会造成方差增大的后果，这是该方法的一大优点．应用控制变量方法的主要困难在于随机变量 Y 的构造．对于灵敏度估计问题，通过下述定理可以非常巧妙地解决该难题．

定理 6-5　设 $z \in \Omega$ 为仿真得到的 Z 序列，则有 $E[\nabla g(z)] \equiv 0$．

证明　该定理的证明可采用反证法，由于性能测度是人为定义的，定义一个与参数 θ 无关的性能测度，并规定对所有 $z \in \Omega$，样本性能测度 $r(z) \equiv 1$．按照该定

义，显然有

$$J(\theta) = E[r(z)] \equiv 1, \quad \nabla J(\theta) \equiv 0 \tag{6-66}$$

将(6-67)式代入(6-5)式，显然只有 $E[\nabla g(z)] \equiv 0$ 才不会矛盾. 从而完成了定理 6-5 的证明.

定理 6-5 的统计解释如下：假定对系统进行了 N 次仿真，记每次仿真的状态转移序列为 z_i，定义总似然函数

$$L = \prod_{i=1}^{N} P(z_i) \tag{6-67}$$

其中 $P(z_i)$ 为序列 z_i 的似然函数. 则定理 6-5 表明，当 $N \to \infty$ 时，

$$\frac{1}{N}\nabla \ln L = \frac{1}{N}\sum_{i=1}^{N}\nabla g(z_i) \to E[\nabla g(z)] = 0 \tag{6-68}$$

(6-69)式恰好是统计论中常用的的极大似然参数估计法. 定理 6-5 实际上是极大似然估计法能够成立的前提和基础.

- 估计器的构造

在 6.6.1 节中已指出，提高灵敏度估计效率的关键在于提高似然比部分，即 $E[r(z)\nabla g(z)]$ 的估计效率. 凭直觉 $r(z)\nabla g(z)$ 和 $\nabla g(z)$ 之间必然存在一定的相关性，而 $\nabla g(z)$ 的均值由定理 6-5 知恒为 0，这样就可以构造控制向量 X_c(假定 θ 为 q 维向量)

$$[X_c]_j = r(z)[\nabla g(z)]_j - \alpha_j \cdot [\nabla g(z)]_j, \quad j = 1, 2, \cdots, q \tag{6-69}$$

式中 $[X]_j$ 表示随机向量 X 的第 j 个分量. α_j 根据(6-65)式，可用下式估计

$$\alpha_j = \frac{E\{r(z)[\nabla g(z)]_j^2\}}{E\{[\nabla g(z)]_j^2\}} \approx \frac{\sum_{i=1}^{N} r(z_i)[\nabla g(z_i)]_j^2}{\sum_{i=1}^{N}[\nabla g(z_i)]_j^2} \tag{6-70}$$

其中，N 为仿真次数，z_i 为第 i 次仿真的状态转移序列.

每次仿真仅更新 α_j 和下述两个统计量：

$$\nabla \hat{J}_1(\theta) = \frac{1}{N}\sum_{i=1}^{N}[\nabla r(z_i) + r(z_i)\nabla g(z_i)], \quad \nabla \hat{J}_2(\theta) = \frac{1}{N}\sum_{i=1}^{N}\nabla g(z_i) \tag{6-71}$$

最终的结果由下式给出：

$$\nabla \hat{J}(\theta) = \nabla \hat{J}_1(\theta) - diag(\alpha_1, \alpha_2, \cdots, \alpha_q)\nabla \hat{J}_2(\theta) \tag{6-72}$$

显然，$\nabla \hat{J}_1(\theta)$，$\nabla \hat{J}(\theta)$ 分别为常规估计和采用控制变量法的估计结果.

- 估计器的简化

在灵敏度估计时，$\nabla \hat{J}_1(\theta)$ 和 $\nabla g(z_i)$ 原本就要计算，因此控制变量估计器增加

的计算工作量，主要是估计 $\alpha_j (j=1,2,\cdots,q)$ 所致．通常在多数评估问题中，$r(z)$ 和 $\nabla g(z)$ 之间的相关性较弱，因此可将(6-70)式进一步简化为

$$\alpha_j \approx E[r(z)] \equiv J(\theta) \approx \frac{1}{N}\sum_{i=1}^{N} r(z_i) \tag{6-73}$$

即将 $\alpha_j (j=1,2,\cdots,q)$ 均取为性能测度 $J(\theta)$ 自身．

由于 $J(\theta)$ 原本就是估计的量，因此采用上述简化后，所增加的编程和计算工作量几乎没有，极大地方便了控制变量估计器的实现，而且仿真试验表明，简化后的估计器通常也可以取得较好的效果．

- 控制变量法减小方差示例

仍以 $M/M/1/7$ 系统的平均首次溢出时间 $E[T_F]$ 对 λ，μ 的灵敏度估计为例．估计结果分列于表 6-8 与表 6-9 中．表中结果为 $N=4000$ 次仿真的结果．其中 SPA-LR+CV1 为未经简化的控制变量估计器，SPA-LR+CV2 为简化后的控制变量估计器．为了直观的反映控制变量法方差衰减的效果，表中置信区间的半长取为估计量的标准差，对应于 68.3%的置信区间．

表 6-8 $\partial E[T_F]/\partial \lambda$ 估计结果(N=4000)

[λ, μ]	SPA-LR	SPA-LR+CV1	SPA-LR+CV2	理论解
[0.36, 1.0]	−100630.5 ± 27030.9	−156424.7 ± 10745.9	−149481.4 ± 14880.9	−165295.7
[0.60, 1.0]	−2999.0 ± 220.8	−3200.0 ± 93.9	−3100.0 ± 129.9	−3182.2
[0.72, 1.0]	−926.2 ± 54.3	−897.9 ± 19.3	−880.9 ± 29.5	−894.0
[0.84, 1.0]	−358.6 ± 19.3	−334.0 ± 6.3	−337.0 ± 10.3	−331.8

表 6-9 $\partial E[T_F]/\partial \mu$ 估计结果(N=4000)

[λ, μ]	SPA-LR	SPA-LR+CV1	SPA-LR+CV2	理论解
[0.36, 1.0]	27615.6 ± 9708.2	47355.7 ± 4811.4	46248.7 ± 5746.4	50867.3
[0.60, 1.0]	1454.0 ± 129.4	1578.0 ± 55.7	1516.0 ± 76.7	1563.4
[0.72, 1.0]	530.9 ± 37.6	510.6 ± 13.8	493.6 ± 20.8	508.4
[0.84, 1.0]	230.8 ± 15.4	211.6 ± 5.5	214.7 ± 8.5	210.2

从表 6-8 与表 6-9 可看出控制变量法的效果是令人满意的，这反映在两个方面，首先是从置信区间半长的比较可看出，控制变量法估计结果的标准差大约衰减了 1.7—2.8 倍．其次当 λ 较小时(0.36—0.48)，常规仿真方法的 68.3%置信区间未覆盖到理论结果，而控制变量法的置信区间包含了理论结果．小 λ 下，常规仿真方法所得估计较差的一个定性解释是，λ 越小，系统演化到队长超出 K 的事件序列就越长，从而就越可能发生扰动，使得估计结果受似然比部分的影响增大，

增加了准确估计的难度. 由于控制变量法较好的衰减了似然比部分的方差, 因此也就得到更准确的估计.

从表 6-8 与表 6-9 中还可看出, 简化后的控制变量估计器 SPA-LR+CV2 的估计结果比 SPA-LR+CV1 稍差, 但仍具有较好的减小方差效果. 图 6-7 给出了 $\lambda=0.6$ 时, 上述 3 种估计器下 $\partial \hat{E}[T_F]/\partial \lambda$ 的收敛曲线, 从图中可以直观地看出, 采用控制变量法的确取得了减小方差的效果, 灵敏度的收敛效率有了明显的提高.

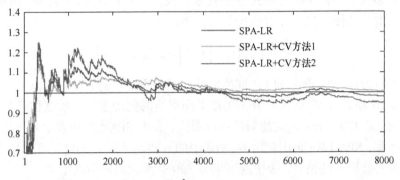

图 6-7 不同估计器下 $\partial \hat{E}[T_F]/\partial \lambda$ 的收敛曲线 ($\lambda=0.6$)

6.7.4 减小灵敏度估计方差的重要抽样方法

在第 5 章已指出恰当地采用重要抽样方法可以极大地提高仿真效率. 对于灵敏度估计问题, 采用重要抽样方法不但可以减小估计量的方差, 而且该方法通常会显著缩短 Z 序列的长度, 这对灵敏度估计起到了一石二鸟的效用.

定理 6-6 对给定的 Markov 离散事件动态系统 $\{X,E,f,\Gamma,\Theta\}$, 设 $J(\theta)$ 为系统在参数 $\theta \in \Theta$ 下的性能测度, $P_\Theta(z)(z \in \Omega)$ 为 Z 序列的概率测度, $H(\theta,z)$ 为定义在 $A \subseteq \Omega$ 上的样本性能测度. 如果变概率测度 $P_*(z)$ 满足对任给的 $z \in A$, 若 $P_\Theta(z)>0$, 则 $P_*(z)>0$, 那么系统参数灵敏度的重要抽样估计器具有以下形式:

$$\frac{\partial J(\theta)}{\partial \theta} = E_*[r(z) \cdot L] + E_*[r(z) \cdot g_\Theta(z) \cdot L] \tag{6-74}$$

其中

$$r(z) = \frac{\partial}{\partial \theta}H(\theta,z), \quad g_\Theta(z) = \frac{\partial}{\partial \theta}\ln P_\Theta(z), \quad L = \frac{P_\Theta(z)}{P_*(z)} \tag{6-75}$$

(6-74)式、(6-75)式中数学期望的下标 "*" 表示在概率测度 $P_*(z)$ 下的结果. 似然比 L 的计算具体见第 5 章.

证明 在重要抽样条件下(即变概率测度后), 系统的性能测度估计具有下述形式:

$$J(\theta) = E_\Theta[H(\theta,z)] = E_*[H(\theta,z) \cdot L] = \sum H(\theta,z) L \cdot P_*(z) \qquad (6\text{-}76)$$

上式对 θ 求偏导，注意到 $P_*(z)$ 与 θ 无关，可得

$$\frac{\partial J(\theta)}{\partial \theta} = \sum \left\{ \frac{\partial [H(\theta,z)L]}{\partial \theta} \right\} P_*(z) = E_* \left\{ \frac{\partial [H(\theta,z) P_\Theta(z)]}{\partial \theta} \cdot \frac{1}{P_*(z)} \right\} \qquad (6\text{-}77)$$

上式展开后，即得到(6-74)式. 证毕.

由于 SPA-LR 估计器的 SPA 部分收敛较快，瓶颈主要在 LR 部分，可仅对 LR 部分施加重要抽样方法，此时估计器可写为以下形式：

$$\frac{\partial J(\theta)}{\theta} = E_\Theta[r(z)] + E_*[r(z) \cdot g_\Theta(z) \cdot L] \qquad (6\text{-}78)$$

此时等式右边的 SPA 部分和 LR 部的估计应当分别单独进行.

表 6-10 和表 6-11 给出了 $M/M/1/K$ 平均崩溃时间的参数灵敏度估计及其 90% 置信区间. 采用基于(6-58)式的间接估计形式. 表中 SPA-LR 项表示未采用重要抽样的估计器，SPA-LR+IS 项表示(6-58)式中的 γ 和 $\partial \gamma / \partial \theta$，$\theta \in \{\lambda, \mu\}$ 采用 5.7.2 节给出的重要抽样算法估计. 表中的结果为 80000 次轮回的仿真结果.

在设计比较实验时，有意将 λ 取得较小，三组参数对应的 γ 分别为 5.02×10^{-4}，9.84×10^{-4}，3.92×10^{-3}. γ 越小越接近小概率事件系统仿真，精确评估的难度越大. 从比较结果看，SPA-LR+IS 方法具有明显的优势，其估计结果在 $\lambda = 0.36$ 时，相对误差均小于 9%，而未采用重要抽样的 SPA-LR 估计器相对误差大于 24%. 另外从 90% 置信区间半长来看 SPA-LR 是 SPA-LR+IS 的 12—44 倍，这意味着 SPA-LR+IS 的方差衰减了 144—1936 倍，效果相当显著.

表 6-10 $\partial E[T_F]/\partial \lambda$ 估计结果(80000 个轮回)

[λ, μ]	SPA-LR	SPA-LR+IS	理论解
[0.36,1.0]	−205744.2 ± 43110.2	−166172.2 ± 978.3	−165295.7
[0.4,1.0]	−76773.7 ± 13501.6	−71066.6 ± 370.7	−70674.0
[0.5,1.0]	−13251.0 ± 1090.388	−12417.3 ± 87.2	−12336.0

表 6-11 $\partial E[T_F]/\partial \mu$ 估计结果(80000 个轮回)

[λ, μ]	SPA-LR	SPA-LR+IS	理论解
[0.36, 1.0]	64157.9 ± 13297.8	51148.59 ± 294.8	50867.3
[0.4, 1.0]	25254.93 ± 4603.7	24101.0 ± 127.3	24047.2
[0.5, 1.0]	4912.6 ± 462.2848	5196.86 ± 34.59	5164.0

6.8 应 用 举 例

第 4 章曾介绍了可靠性工程中的 k-out-of-n(F)C 系统. 该系统由 n 个独立部件依次串行(依直线)排列而成, 当且仅当 n 中有 k 个相邻的部件失效时, 系统失效. 由于该系统很适合于描述通讯中继系统的可靠性, 近年来被广泛用于通讯保障系统可靠性研究中. 在可维修条件下, 这类看似简单的系统, 目前还没有解析解, 仿真是定量评估可维修 k-out-of-n(F)C 系统的唯一手段. 应用中一个感兴趣的问题是系统的关键部件分析, 即那些部件对系统可靠性的影响较大. 考虑一个具体的例子:

设有 12 个地面基站构成的 3-out-of-12(F)C 通信中继系统. 该系统同时配备有 2 个独立的维修组. 基站的故障率服从参数为 $\lambda_1 = \lambda_2 = \cdots = 0.001$ 的指数分布, 维修时间服从参数为 $\mu_1 = \mu_2 = 0.01$ 的指数分布, 维修规则为先坏先维修. 当相邻的 3 个基站均不能正常工作时, 通讯保障失败.

系统的关键部件分析, 可以通过分析系统的可靠性测度对基站故障率的灵敏度来进行. 这里选取系统的可靠性测度为平均首次失效时间(MTTF). 由于理论结果未知, 仿真时采用贯序仿真方案(见第 7 章). 以估计量的相对误差小于 5% 作为仿真结束条件. 这里相对误差定义为

$$R_e = \frac{\sqrt{Var[\partial \hat{J}(\theta)/\partial \theta]}}{E[\partial \hat{J}(\theta)/\partial \theta]}$$

通过 40 万次左右的仿真, 系统 MTTF 对每个基站失效率 $\lambda_i (i=1,\cdots,12)$ 的灵敏度估计, 及其相对误差列于表 6-12 中.

在第 4 章估计系统 MTTF 时, 仅用 4 万次左右的仿真就得到了较好的估计结果, 造成这种看似巨大差异的原因在 6.6.5 节中已作了说明. 在评估 $\partial MTTF/\partial \lambda_i$ 时, 由于平均每 10 个左右的失效事件, 才会有 1 起和部件 i 有关, 因此需要更多次数的仿真才能获得足够准确的估计. 但是另一方面, 通过 40 万次左右的仿真, 同时获得了所有的 $\partial MTTF/\partial \lambda_i, i=1,\cdots,12$, 分摊下来也就相当于每一个偏导数 4 万次左右的仿真.

从表 6-12 中, 可看到以下特征: 1)各基站的影响首尾对称, 由于基站的故障率相同, 这一点显然服从客观认知; 2)头部的第 1, 2 号基站和尾部的第 11, 12 号基站的影响明显不如中间的基站; 3)第 3 号和第 10 号的影响明显较其他基站的影响大, 而它们恰好是从头(尾)数起的第 K 个位置; 4)总体上各基站的影响大致呈顶部较平坦的"M"形状, 1, 12 号影响最小, 3, 10 号影响最大, 4—9 之间

的变化较为平坦.

综合以上分析,可得出以下结论:3号和10号基站对系统可靠性的影响较大,对它们的可靠性要求应控制的严格一些,而1,2,11,12号基站对系统可靠性的影响较弱,可靠性要求可适当放宽.

表 6-12 各基站对系统平均首次失效时间的影响

基站编号	灵敏度	相对误差
1	−492589.3	−4.4791646e−02
2	−776057.4	−2.8427429e−02
3	−1079913	−2.0455884e−02
4	−1015689	−2.1837687e−02
5	−979197.5	−2.2677349e−02
6	−969193.1	−2.2961961e−02
7	−973643.4	−2.2963725e−02
8	−977842.0	−2.2509512e−02
9	−1012954	−2.2155620e−02
10	−1068353	−2.0796373e−02
11	−786639.1	−2.8168550e−02
12	−484000.1	−4.8481479e−02

6.9 本章小结

本章的主要工作是给出了 Markov-DEDS 性能测度参数灵敏度的通用、一致估计器:SPA-LR 估计器. 该估计器的特点是和 NON-CLOCK 方法紧密结合,具有适用性广、公式简练、算法简单、估计效率高和易于程序实现的优点. SPA-LR 估计器解决了当前灵敏度估计算法存在的估计效率和适用范围难以兼顾的矛盾. 此外,研究表明,在 NC 仿真框架下,Markov-DEDS 性能测度的参数灵敏度为光滑扰动分析(SPA)和似然比方法(LR)得到的估计量之和,单独使用其中的一种方法难以得到性能测度参数灵敏度的一致、可靠估计.

在一阶 SPA-LR 估计器的基础上很容易导出高阶导数的 SPA-LR 估计器. 文中的定理 6-4 给出了任意阶灵敏度的通用估计公式,从该公式可以看出,如果把性能测度自身被视为零阶灵敏度,灵敏度估计问题本质上是性能测度估计问题的自然延伸.

从信息论的角度分析,在相同的 Z 序列下,挖掘出高阶导数的信息要比低阶导数更为困难,估计结果的收敛过程也更慢. 因此对于灵敏度估计而言,适当地采用减小方差技术是必要的. 在提高估计器效率方面,文中给出了三种解决方案:其一、通过缩短 Z 序列的长度来提高估计效率;其二、构造控制变量来减小 SPA-LR 估计器的方差;其三、SPA-LR 估计器结合重要抽样技术. 第一种方法可通过提取系统演化过程中的再生结构或者采用多段分解仿真策略实现. 第二种方法简便易行而且具有较强普适性和稳健性,值得推荐. 第三种方法在应用得当的情况下,可以极大地提高估计效率,但受制于重要抽样本身的特点,方法的稳健性较差. 在应用中还可将三种方法结合起来使用,通常将前两种方案结合起来,对于绝大多数的灵敏度估计问题均可得到较好的解决.

第7章 仿真精度分析

仿真精度分析是离散事件动态系统(DEDS)性能评估的重要环节. 精度分析的主要目的是获取估计量偏离真值程度的信息. 设 θ 为未知的系统性能测度, $x_1, x_2, \cdots, x_n$ 为仿真得到的与系统性能测度相关的子样, $\hat{\theta} = \hat{\theta}(x_1, x_2, \cdots, x_n)$ 为根据仿真输出子样得到的系统性能测度的估计. 仿真精度分析的主要目的是评估 $\hat{\theta}$ 偏离 θ 的程度[2,130]. 在统计学中, 考察这种偏离程度最常用的度量是 $\hat{\theta}$ 的均方误差, 定义为[71]

$$E[(\hat{\theta} - \theta)^2] = [E(\hat{\theta}) - \theta]^2 + Var[\hat{\theta}] \tag{7-1}$$

通常在设计 θ 的估计器时, 一个基本要求为 $\hat{\theta}$ 是 θ 的无偏估计或强一致估计, 因此随着仿真输出样本数的增加, $\hat{\theta}$ 偏离真值的程度将主要取决于 $Var[\hat{\theta}]$. 从这个意义上说, 仿真精度与评估 $Var[\hat{\theta}]$ 密切相关. 实际应用中, 还常用置信区间和变异系数(亦称相对误差)来度量仿真精度, 后者定义为

$$R_e = \frac{\sqrt{Var[\hat{\theta}]}}{E[\hat{\theta}]} \tag{7-2}$$

在大样本条件下(对仿真而言不是问题), 上述三种度量的作用基本一致. 因此在后续讨论中, 将不加区别地使用"仿真精度分析""$Var[\hat{\theta}]$估计""相对误差估计"或"置信区间估计"等词汇.

在 DEDS 仿真的研究中, 仿真精度分析隶属于仿真输出分析的研究领域, 在这一领域已经积累了许多成熟的精度分析方法和手段[2,130]. 从定量分析的角度看, 在选择精度分析方法时应注意以下问题:

(1) 分析方法的有效性. $\hat{Var}[\hat{\theta}]$ 应是 $Var[\hat{\theta}]$ 的一致估计, 或者至少是渐近有效估计, 否则这种评估就毫无意义.

(2) 分析方法的稳健性. $\hat{Var}[\hat{\theta}]$ 应能较好的反应这一事实, 即随着仿真输出子样的增加, $Var[\hat{\theta}] \to 0$. 分析稳健性的一个简单有效的方法是绘制出 $\hat{Var}[\hat{\theta}]$ 随仿真样本数 N 的收敛曲线.

(3) 分析方法的数学描述简练、易于程序实现. 这样的方法往往能比一些复杂、抽象、难于理解的方法更为可靠, 而且不易出错.

(4) 存在替代的分析方案. 进行仿真精度评定时, 采用多种评估方案是一种值得推荐的方法, 有助于降低评定风险.

基于上述考虑, 本章重点介绍一些比较实用的精度分析方法. 仿真精度分析的具体方法依赖于仿真输出子样的特性, 后者大体上可分为两类: 其一、子样服从独立同分布; 其二、子样服从同分布, 但相互间存在一定的相关性. 下面就这两类情况分别进行讨论.

7.1 子样独立时的仿真精度分析

子样独立时的类精度分析问题, 在仿真中比较常见, 终止型仿真或者按再生法进行的稳态型仿真得到的输出子样均属于此类. 这类问题的处理方法比较成熟, 经典的统计学方法、Jacknife 方法、Bootstrap 方法均可有效地处理此类问题.

7.1.1 经典统计学方法

- 均值估计量的精度分析

设 $X = (X_1, X_2, \cdots, X_n)$ 为来自独立同分布的样本, 所估计的性能测度为 $\mu = E[X]$. 经典分析法采用样本均值估计 μ,

$$\hat{\mu} = \frac{1}{n} \sum_{i=1}^{n} X_i \tag{7-3}$$

估计量的方差由下式估计:

$$\hat{Var}[\hat{\mu}] = \frac{1}{n} S^2 = \frac{1}{n(n-1)} \sum_{i=1}^{n} (X_i - \hat{\mu})^2 \tag{7-4}$$

其中 S^2 为样本方差, 联合上述两式可得

$$\hat{R}_e = \frac{\sqrt{Var[\hat{\mu}]}}{\hat{\mu}} \tag{7-5}$$

当 n 足够大时, $\dfrac{\hat{\mu} - \mu}{\sqrt{Var[\hat{\mu}]}} \to N(0,1)$, 据此可得到 μ 的区间估计

$$(\hat{\mu} - z_{\alpha/2}\sqrt{Var[\hat{\mu}]}, \ \hat{\mu} + z_{\alpha/2}\sqrt{Var[\hat{\mu}]}) \tag{7-6}$$

从 (7-6) 式可看出, $\sqrt{Var[\hat{\mu}]}$ 对应 68.3% 置信区间半长, 因此上述三种度量在反应偏离真值程度方面具有等效性.

- 均值比估计量的精度分析

均值比估计量常见于用再生法仿真对系统稳态性能测度进行估计. 设

$(X_1,Y_1),\cdots,(X_n,Y_n)$ 为来自随机向量 (X,Y) 的一组独立同分布仿真输出样本. 所估计的性能测度为

$$\phi = \frac{E[Y]}{E[X]} \tag{7-7}$$

令 $\bar{X}$,$\bar{Y}$,S_x^2,S_y^2,S_{xy} 分别表示 X 和 Y 的样本均值、样本方差和样本协方差. 则 ϕ 的点估计由下式给出(Law & Kelton[2])

$$\hat{\phi} = \frac{\bar{Y}}{\bar{X}} = \frac{\sum_{i=1}^{n} Y_i}{\sum_{i=1}^{n} X_i} \tag{7-8}$$

令 $Z_i = Y_i - \phi X_i$,则 Z_i 为独立同分布的 0 均值随机变量,其方差可由样本方差估计:

$$\hat{\sigma}_z^2 = S_z^2 = S_y^2 - 2\hat{\phi}S_{xy} + \hat{\phi}^2 S_x^2 \tag{7-9}$$

由 &-方法(George & Roger[71])可求出

$$Var[\hat{\phi}] = Var[\bar{Y}/\bar{X}] \approx \frac{S_z^2/n}{\bar{X}^2} \tag{7-10}$$

又根据中心极限定理知

$$\frac{\bar{Z}}{\sqrt{\sigma_z^2/n}} \to N(0,1), \quad n \to \infty \tag{7-11}$$

(7-11)式分子、分母同除以 $\bar{X}$,即可得到 ϕ 的区间估计

$$\hat{\phi} \pm \frac{z_{\alpha/2}\sqrt{S_z^2/n}}{\bar{X}} \quad \text{或} \quad \hat{\phi} \pm z_{\alpha/2}\sqrt{Var[\hat{\phi}]} \tag{7-12}$$

第 4 章已经指出,用再生法仿真时,也可采用前 m 个再生周期估计 $E[Y]$,后 k 个再生周期估计 $E[X]$ 的策略,此时

$$\hat{\phi} = \frac{\bar{Y}}{\bar{X}} = \frac{\sum_{i=1}^{m} Y_i}{\sum_{i=1}^{k} X_i}, \quad m+k = n \tag{7-13}$$

这种估计器只利用了部分样本信息,但在应用重要抽样方法的场合特别有用. 采用这种估计方式,$\bar{Y}$ 和 $\bar{X}$ 相互独立,(7-10)式可简化为下述形式:

$$Var[\hat{\phi}] \approx \frac{1}{\bar{X}^2}\left(\frac{S_y^2}{m} + \hat{\phi}^2 \frac{S_x^2}{k}\right) \tag{7-14}$$

φ 的区间估计形式上(7-12)式.

- 分位点估计量的精度分析

设 $X_1, X_2, \cdots, X_n$ 为来自未知总体 X 的一组独立同分布样本. 记未知总体 X 的分布函数为 $F(x)$, 分位点估计是指对于给定的 p, 估计 $x_p = F^{-1}(p)$.

估计分位点的方法如下: 首先, 对样本按从小到大排序, 记排序结果为 $X_1^* \leqslant X_2^* \leqslant \cdots \leqslant X_n^*$; 其次, 取以下三组公式之一作为分位点的估计[2,129,130]

$$\hat{x}_p = X_{\lfloor np \rfloor}^* \tag{7-15}$$

$$\hat{x}_p = X_{\lceil np \rceil}^* \tag{7-16}$$

$$\hat{x}_p = c X_{\lceil np+0.5 \rceil-1}^* + (1-c) X_{\lceil np+0.5 \rceil}^* \tag{7-17}$$

其中, $c = \lceil nq+0.5 \rceil - (nq+0.5)$. 上述三式均为 p 分位点的一致估计, 但一般来说, 都不是无偏估计.

引入随机变量 U, 记

$$u = \begin{cases} 1, & x \leqslant x_p \\ 0, & x > x_p \end{cases} \tag{7-18}$$

显然, U 服从 0-1 分布, 因此 $\sum_{i=1}^{n} u_i \sim B(n,p)$. 当 n 足够大时, 二项分布可由正态分布近似. 据此可导出在置信水平 α 下, 小于等于 x_p 的子样数 $k \equiv \sum_{i=1}^{n} u_i$ 的置信区间为 (L,R), 其中

$$L = np - z_{\alpha/2}\sqrt{np(1-p)} \tag{7-19}$$

$$R = np + z_{\alpha/2}\sqrt{np(1-p)} \tag{7-20}$$

求出 L 和 R 之后, 即可得到分位点 x_p 在置信水平 α 下的置信区间 $(\hat{x}_L, \hat{x}_R)$.

$$\hat{x}_L = X_{\lfloor L \rfloor}^*, \quad \hat{x}_R = X_{\lceil R \rceil}^* \tag{7-21}$$

- 子样为向量时估计量的精度分析

均值比估计量的精度分析, 可视为子样为向量时精度分析的特例. 考虑更为一般的情况, 设有随机向量 $V = [x_1, x_2, \cdots, x_q]^T$, 具有均值 $\boldsymbol{\mu}$, 感兴趣的性能测度为 $\phi \equiv g(\boldsymbol{\mu}) = g(\mu_1, \mu_2, \cdots, \mu_q)$. 当获得了 n 个样本后, ϕ 的点估计由下式给出:

$$\hat{\phi} = g(\overline{V}) = g(\overline{x}_1, \overline{x}_2, \cdots, \overline{x}_q) \tag{7-22}$$

$\hat{\phi}$ 的估计精度, 可由下述多变量 &-方法得到.

定理 7-1 (George & Roger[71]) 设随机向量 $V = [x_1, x_2, \cdots, x_q]^T$ 具有 $E[x_i] = \mu_i$, $Cov(x_i, x_j) = \sigma_{ij}$. 函数 $g(V)$ 具有连续一阶偏导, 且满足

$$\tau^2 = (\nabla g)^{\mathrm{T}} Var[V]\nabla g = \sum\sum \sigma_{ij}\frac{\partial g(\boldsymbol{\mu})}{\partial \mu_i}\frac{\partial g(\boldsymbol{\mu})}{\partial \mu_j} > 0 \tag{7-23}$$

则

$$\sqrt{n}[g(\overline{x}_1,\overline{x}_2,\cdots,\overline{x}_q) - g(\mu_1,\mu_2,\cdots,\mu_q)] \to N(0,\tau^2) \tag{7-24}$$

根据定理 7-1，当 n 足够大时，可以很容易求得子样为向量时 $Var[\hat{\phi}] = \tau^2/n$，且 ϕ 的区间估计为 $\hat{\phi} \pm z_{\alpha/2}\sqrt{Var[\hat{\phi}]}$．

对于前面讨论的均值比估计量 $\hat{\phi} \equiv g(\overline{X},\overline{Y}) = \overline{Y}/\overline{X}$，容易验证定理 7-1 得到的精度分析结果和(7-10)—(7-12)式一致．

下面应用定理 7-1 分析第 6 章讨论的灵敏度估计器的精度分析问题．在 SPA-LR 估计器框架下，灵敏度估计量的精度分析通常归结为均值估计量的精度分析，该问题已经得到解决．唯一的例外是采用再生法仿真时，性能测度为均值比形式，即所估计的性能测度为

$$J(\theta) = \frac{E[Y(\theta)]}{E[X(\theta)]} \tag{7-25}$$

其中 θ 为系统参数．此时

$$\frac{\partial J(\theta)}{\partial \theta} = \frac{1}{E^2[X(\theta)]}\left[\frac{\partial E[Y(\theta)]}{\partial \theta}E[X(\theta)] - E[Y(\theta)]\frac{\partial E[X(\theta)]}{\partial \theta}\right] \tag{7-26}$$

注意到在灵敏度估计中，$\partial E[Y(\theta)]/\partial\theta$ 和 $\partial E[X(\theta)]/\partial\theta$ 具有下述形式：

$$\frac{\partial E[Y(\theta)]}{\partial \theta} = E[W(\theta)], \quad \frac{\partial E[X(\theta)]}{\partial \theta} = E[U(\theta)] \tag{7-27}$$

因而在一个再生周期内，可提取出随机向量 $V = [Y,X,W,U]^{\mathrm{T}}$，仿真 n 个再生周期后，可得到

$$\frac{\partial \hat{J}(\theta)}{\partial \theta} \equiv g(\overline{V}) = \frac{\overline{W}\cdot\overline{X} - \overline{Y}\cdot\overline{U}}{\overline{X}^2} \tag{7-28}$$

当 n 足够大时，根据定理 7-1，便可求出 $\partial \hat{J}(\theta)/\partial\theta$ 的方差或置信区间．

从(7-28)式可看出，对于形如(7-26)式的估计器，仿真精度分析非常烦琐，涉及求 4 个样本方差和 6 个样本协方差．如果采用前 n 个再生周期法估计 $E[Y]$，$E[W]$，后 n 个再生周期估计 $E[X]$，$E[U]$，则只需求 4 个样本方差和 2 个样本协方差．如果再进一步，分别用 n 个不同的再生周期估计 $E[Y]$，$E[W]$，$E[X]$，$E[U]$，则只需求 4 个样本方差．此时有

$$\hat{Var}[g(\overline{V})] = \frac{1}{n\overline{X}^2}\left[S_w^2 + \frac{(2\overline{Y}\cdot\overline{U} - \overline{W}\cdot\overline{X})^2}{\overline{X}^4}S_x^2 + \frac{\overline{U}^2}{\overline{X}^2}S_y^2 + \frac{\overline{Y}^2}{\overline{X}^2}S_u^2\right] \tag{7-29}$$

后两种方法虽然简化了精度分析,但却是以样本信息未得到充分利用为代价.

定理 7-1 表明,当子样为向量时,用经典统计学方法进行精度分析所需计算的样本协方差矩阵呈平方增长,应用时极为不便,此时最好采用 7.1.4 节中介绍的 Bootstrap 方法,后者适用于任意形式的估计量,且编程复杂性与估计量的形式无关.

7.1.2 经典方法的贯序实现方案

用固定样本容量法估算仿真精度(相对误差、置信区间)的缺点是无法控制相对误差或置信区间的半长. 若样本量 n 不够大,可能会出现置信区间或相对误差过大而不能满足实际需要的情况;反之,样本量 n 取得太大,又会使得仿真次数过多,造成浪费. 解决该问题的一种思路是采用贯序分析方案[2,4,130],该方法的好处是不预先设定仿真次数,只有当仿真精度满足给定的要求时才终止仿真.

贯序分析的基石是将样本均值、方差等写成递推的形式. 以下给出了几组常用的递推公式[131-133].

样本均值递推公式

$$\hat{\mu}_0 = 0, \quad \hat{\mu}_n = \hat{\mu}_{n-1} + \frac{1}{n}(x_n - \hat{\mu}_{n-1}) \tag{7-30}$$

$$\hat{\mu}_n \equiv \bar{x} = \left(\sum_{i=1}^n x_i\right)/n$$

样本方差递推公式

$$D_0 = 0, \quad D_n = D_{n-1} + \frac{n-1}{n}(x_n - \hat{\mu}_{n-1})^2 \tag{7-31}$$

$$D_n \equiv (n-1)S_n^2 = \sum_{i=1}^n (x_i - \hat{\mu})$$

两随机变量样本协方差递推公式

$$C_0 = 0, \quad C_n = C_{n-1} + \frac{n-1}{n}(x_n - \hat{\mu}_{x,n-1})(y_n - \hat{\mu}_{y,n-1}) \tag{7-32}$$

$$C_n \equiv (n-1)S_{xy} = \sum_{i=1}^n (x_i - \hat{\mu}_x)(y - \hat{\mu}_y)$$

以常见的均值估计量为例,设实际问题要求的仿真精度为相对误差 $R_e \leq \beta$,贯序分析方案的实施步骤如下:

Step 0. 置 $\hat{\mu}_0 = D_0 = 0$,$n = 1$

Step 1. 对系统进行第 n 次仿真并按(7-30)式、(7-31)式求出 $\hat{\mu}_n, D_n$

Step 2. 计算相对误差 $R_e = \frac{1}{\hat{\mu}_n}\sqrt{\frac{D_n}{n(n-1)}}$

Step 3. if $R_e \leq \beta$，终止仿真；else $n = n+1$，转到 Step 1

7.1.3 Jackknife 方法

Jackknife 分析法[2,71]，又称刀切法，是减小估计量偏差常用的一种方法，它可同时估算估计量的方差. 设 $X = (x_1, x_2, \cdots, x_n)$ 为来自分布 $F(x)$ 的独立同分布样本，θ 为总体分布的未知参数，$\hat{\theta} = \hat{\theta}(X)$ 为根据样本 X 得到的 θ 估计. 记

$$X_{(i)} = (x_1, x_2, \cdots, x_{i-1}, x_{i+1}, \cdots, x_n), \quad i = 1, 2, \cdots, n$$

为去掉子样 X_i 后的剩余样本，又称为 Jackknife 样本. 令 $\hat{\theta}_{(i)}$ 为根据 Jackknife 样本得到的 θ 估计. Jackknife 方法用下式给出 θ 的点估计[2,5,71]

$$JK(\hat{\theta}) = n\hat{\theta} - \frac{n-1}{n}\sum_{i=1}^{n}\hat{\theta}_{(i)} \tag{7-33}$$

$\hat{\theta}$ 的方差用下式估计[2,5,71]

$$Var[JK(\hat{\theta})] = \frac{n-1}{n}\sum_{i=1}^{n}[\hat{\theta}_{(i)} - \hat{\theta}(\cdot)]^2 \tag{7-34}$$

其中，$\hat{\theta}(\cdot) = \sum_{i=1}^{n}\hat{\theta}_{(i)}/n$. 由上述两式可得到

$$R_e = \frac{\sqrt{Var[JK(\hat{\theta})]}}{JK(\hat{\theta})} \tag{7-35}$$

又当 n 足够大时，可以证明[2,71]

$$\frac{JK(\hat{\theta}) - \theta}{\sqrt{Var[\hat{\theta}]}} \to N(0,1)$$

据此可得到 θ 的置信区间估计

$$(JK(\hat{\theta}) - z_{\alpha/2}\sqrt{Var[JK(\hat{\theta})]}, \quad JK(\hat{\theta}) + z_{\alpha/2}\sqrt{Var[JK(\hat{\theta})]})$$

容易证明，对于均值估计器，Jackknife 方法和经典方法得到的点估计和置信区间完全相同.

原则上 Jackknife 方法适用于任意统计量的精度分析，然而仿真实验中发现，对于线性统计量，Jackknife 方法用于仿真精度评定能给出较好的评估结果，但对于非线性统计量(如相关系数)或非平滑统计量(如分位点)，Jackknife 方法的效果并不太理想，应当慎用.

下面以均值比估计量为例，给出 Jackknife 分析法的流程. 设仿真输出样本为

$V = (V_1, V_2, \cdots, V_n)$，其中 $V_i = (X_i, Y_i)$.

Step 1. 计算经典估计量

$$\hat{\phi}_c = \bar{Y}/\bar{X} = \left[\sum_{j=1}^{n} Y_j\right] \bigg/ \left[\sum_{j=1}^{n} X_j\right]$$

Step 2. 对每个 Jackknife 样本 $V_{(i)}$，计算

$$\hat{\theta}_{(i)} = \left[\sum_{j=1, j\neq i}^{n} Y_j\right] \bigg/ \left[\sum_{j=1, j\neq i}^{n} X_j\right]$$

Step 3. 计算 $\hat{\theta}(\cdot) = \dfrac{1}{n}\sum_{i=1}^{n} \hat{\theta}_{(i)}$

Step 4. ϕ 的 Jackknife 估计：$\hat{\phi} = n\hat{\phi}_c - (n-1)\hat{\theta}(\cdot)$

Step 5. 估计量 $\hat{\phi}$ 的方差：$Var[\hat{\phi}] = \dfrac{n-1}{n}\sum_{i=1}^{n}(\hat{\theta}_{(i)} - \hat{\theta}(\cdot))^2$

Step 6. ϕ 的区间估计：$\hat{\phi} \pm z_{\alpha/2}\sqrt{Var[\hat{\phi}]}$

Step 7. 估计量的相对误差：$R_e = \sqrt{Var[\hat{\phi}]}/\hat{\phi}$

7.1.4 Bootstrap 方法

前面几种方法在进行区间估计时，均假定估计量近似服从正态分布. 然而，在多大的样本量下，上述假设能够成立是一个很难量化的问题. Efron[134]提出的 Bootstrap 方法另辟蹊径，巧妙地避开了该问题. Bootstrap 是一种非参数抽样技术，用仿真实验分析手段代替理论分析方法. 它的优点是没有任何有关分布的假定，而且适用于任意统计量的精度分析，可谓万能分析工具. 该方法的另一个优点是精度分析的复杂性与估计器的具体形式无关.

Bootstrap 估计方法实际上是根据经验样本，对原样本数据进行再抽样，充分提取样本信息量的一种估计方法[71,134,135]. 设 $X = (x_1, x_2, \cdots, x_n)$ 为来自分布 $F(x)$ 的独立同分布样本，$\theta = \theta(F(x))$ 为总体分布的未知参数. 由样本 $x_1, x_2, \cdots, x_n$ 构造抽样分布 $F_n(x)$，$\hat{\theta} = \hat{\theta}(F_n(x))$ 为 θ 的估计. 记 $T_n = \hat{\theta}(F_n(x)) - \theta(F(x))$ 表示估计误差.

从 $F_n(x)$ 中重抽样获得再生样本 $X^* = (X_1^*, X_2^*, \cdots, X_n^*)$，由 X^* 作抽样分布函数 $F_n^*(x)$，于是由 X^* 又可作出 θ 的估计 $\hat{\theta}(F_n^*(x))$. 记

$$R_n^* = \hat{\theta}(F_n^*(x)) - \hat{\theta}(F_n(x)) \tag{7-36}$$

称 R_n^* 为 T_n 的 Bootstrap 统计量. 利用 R_n^* 的分布去近似 T_n 的分布，这就是 Bootstrap 方法的中心思想. 以下给出了用 Bootstrap 方法进行仿真精度分析的流程：

Step 1. 由 $F_n(x)$ 产生 M 组 Bootstrap 再生样本,记为

$$X^*(i) = (x_1^*(i), x_2^*(i), \cdots, x_n^*(i)), \quad i = 1, 2, \cdots, M$$

Step 2. 对每一组再生样本 $X^*(i)$ 计算出 θ 的 Bootstrap 估计

$$\theta^*(i) = \theta(x_1^*(i), x_2^*(i), \cdots, x_n^*(i)), \quad i = 1, 2, \cdots, M$$

Step 3. 求 M 个 Bootstrap 估计均值：

$$\overline{\theta} = \frac{1}{M} \sum_{i=1}^{M} \theta^*(i)$$

Step 4. 计算估计量的方差：

$$Var[\hat{\theta}] = \frac{1}{n-1} \sum_{i=1}^{n} (\theta^*(i) - \overline{\theta})^2$$

Step 5. 对 $\theta^*(i)$ 进行排序，记排序结果为 $\theta_1^* \leqslant \theta_2^* \leqslant \cdots \leqslant \theta_M^*$，则 $\hat{\theta}$ 的区间估计为 (θ_l^*, θ_r^*). 其中 $\theta_l^* = M\alpha/2$，$\theta_r^* = M(1-\alpha/2)$，$\alpha$ 为置信水平.

Step 6. 估算相对误差：$R_e = \sqrt{Var[\hat{\theta}]}/\hat{\theta}$

为了取得较好的估计结果，一般要求重抽样的次数 $M \geqslant 200$.

George 及 Roger[71]指出在中小样本量下，基于 Bootstrap 方法的精度分析结果通常比 &-方法更为准确. 应用 Bootstrap 方法的主要代价是需要保存所有的仿真输出样本，重抽样过程的计算量也比较大，而且无法采用贯序实现.

7.2 子样相关时的仿真精度分析

仿真输出子样相关常见于稳态型仿真. 例如，$W_1, W_2, \cdots, W_n$ 是在系统进入稳态后观察到的 n 个顾客的等待时间，则平均等待时间为

$$E(W) = \lim_{n \to \infty} \frac{1}{n} \sum_{i=1}^{n} W_i$$

此时样本均值仍是平均等待时间的无偏估计，但由于数据间具有自相关性，使均值估计量的精度分析变得困难. 自相关性使通常的样本方差成为方差的有偏估计(Law & Kelton[2])，照搬子样独立时的分析方法可能会导致严重的偏差.

目前，子样相关情况下的仿真精度分析存在两种思路[2]：1)把从仿真中收集的数据加工成(近似)满足独立同分布随机变量的样本观察值，在此基础上得到样本均值的方差估计，进而估计出仿真精度，代表性的方法有批均值法、再生法、标准时间序列法等；2)把仿真输出过程看作具有相关性的系统，从相关性入手，利用时间序列分析法考虑精度分析问题，代表算法为谱分析法、自回归法.

批平均值法和再生法是稳态型仿真应用较广泛的数据处理方法，后者的精度分析问题已在 7.1.1 节作了讨论，当无法提取出再生结构时，前者是常用的数据

处理手段. Law 及 Kelton[2]、Sargent 等[136]对几种常用方法进行比较研究后指出，批平均值法是一种相当有效的精度分析方法，与其他方法相比具有竞争性. 该方法的优点包括样本数据利用效率高、操作简单和方法的有效性. 在经典批均值方法的基础上又衍生出标准时间序列法、一致估计批均值法、重叠批均值法等多种方法. 本节重点介绍经典批均值法、一致估计批均值法和重叠批均值法.

7.2.1 批平均值法

批平均值法不是从一些短的独立重复运行中收集数据，而是以单次长时间的仿真运行为基础. 在下述讨论中假定仿真输出 $X_1, X_2, \cdots$ 为协方差平稳过程，即样本序列满足下述条件：

(1) $\mu = E(X_i), i = 1, 2, \cdots$；

(2) $\sigma^2 = Var(X_i), i = 1, 2, \cdots$；

(3) $C_j = Cov(X_i, X_{i+j})$，与 i 无关，$j = 1, 2, \cdots$.

上述假设在实际应用中具有一般性(Alexopoulos & Fishman[131]).

做单次长时间仿真运行，取足够长的 n 个观察值 $X_1, X_2, \cdots, X_n$. 将这些观察值分成 k 批，每批 b 个观察值，即 $n = k \cdot b$. 设 $\bar{X}_i(b)(i = 1, 2, \cdots, k)$ 是第 i 批中 b 个样本的均值(称之为批平均值)，即

$$\bar{X}_i(b) = \frac{1}{b}\sum_{j=1}^{b} X_{(i-1)b+j}, \quad i = 1, 2, \cdots, k \tag{7-37}$$

取总的样本均值

$$\bar{X}(k, b) = \frac{1}{k}\sum_{i=1}^{k} \bar{X}_i(b) = \frac{1}{n}\sum_{i=1}^{n} X_i = \bar{X}_n \tag{7-38}$$

为 μ 的点估计，显然 $\bar{X}(k,b)$ 为 μ 的无偏估计.

只要批容量 b 足够大，批平均值 $\bar{X}_1(b), \bar{X}_2(b), \cdots$ 将近似不相关. 由中心极限定理知，还可以选取 b 足够大，使 $\bar{X}_i(b)(i = 1, 2, \cdots, n)$ 近似服从正态分布. 于是，批平均值可以看作一个独立同服从正态分布的随机变量序列，精度估计可由经典统计学方法、Jacknife 方法或 Bootstrap 方法给出. 对于经典统计学方法，有

$$\hat{Var}[\bar{X}(k,b)] \equiv \hat{Var}[\bar{X}_n] = \frac{1}{k-1}\sum_{i=1}^{k}\left[\bar{X}_i(b) - \bar{X}_n\right]^2 \tag{7-39}$$

置信区间由下式给出

$$\bar{X}_n \pm t_{\alpha/2}(k-1)\sqrt{\hat{Var}[\bar{X}_n]} \tag{7-40}$$

- 批容量和批数量的确定

批平均值法的困难是用户必须决定批容量的大小和批数. 对于样本容量 n 给

定的情形，如果批容量 b 太小，批平均值将不满足近似不相关性，置信区间常常太窄并且对真值的覆盖率偏低. 如果 b 太大，因为批数量 k 太小，置信区间将不必要地大. Fishman[137], Law & Carson[2]等都给出过确定批容量 b 的一些经验方法. 其中 Fishman[137]的方法操作起来比较简便，取批容量 b 为集合 $\{2^0, 2^1, 2^2, \cdots, n/8\}$ 中使 $\bar{X}_1(b), \bar{X}_2(b), \cdots$ 通过独立性检验的最小的数.

Schmeiser[138]在对上述方法进行比较研究后指出，对大多数的应用，批数量 k 可取为 10—30 之间. Steiger & Wilson[139]则建议为使独立性检验更为稳健，批数量 k 应适当取大一些，文献[139]取为 94.

近年来，一些学者还考虑了使 $V\hat{a}r[\bar{X}(k,b)]$ 均方误差(MSE)渐近最小意义上的批容量估计问题. Song & Schmeiser[140]给出了 MSE($V\hat{a}r[\bar{X}(k,b)]$)渐近最小意义下的批容量公式. 假定

$$\gamma_0 = \sum_{j=-\infty}^{\infty} \rho_j = 1 + 2\sum_{j=1}^{\infty} \rho_j, \quad \gamma_1 = \sum_{j=-\infty}^{\infty} \rho_j |j| \rho_j = 2\sum_{j=1}^{\infty} j\rho_j$$

存在，Song & Schmeiser[140]建议的最优批容量公式为

$$\hat{b}^* = \left[2n\left(\frac{c_b^2}{c_v}\right)\left(\frac{\gamma_1}{\gamma_0}\right)^2\right]^{1/3} + 1 \approx \left[n\left(\frac{\gamma_1}{\gamma_0}\right)^2\right]^{1/3} + 1 \tag{7-41}$$

其中，c_b^2，c_v 分别为偏差常数和方差常数，文献[140]取 $(c_b^2/c_v)^{1/3} \approx 0.79$.

文献[141]对渐近最小 MSE 批容量估计的稳健性进行了分析. 渐近最小 MSE 批容量估计的主要不便是通常涉及较大的样本容量和繁琐的中间量估计.

● 批均值样本的相关性检验和正态性检验

批均值样本 $\bar{X}_i(b)(i=1,2,\cdots,k)$ 的相关性检验和正态性检验是确定批容量的重要环节. 批均值方法中常用的相关性检验算法是 von Neumann 检验法 (Alexopoulos 等 [130,131], Fishman & Yarberry[142])，另外一些学者则从 $\bar{X}_i(b)(i=1,2,\cdots,k)$ 近似服从正态分布的角度出发，提出采用 Shapiro-Wilk 检验方法检验批均值的正态性(Steiger & Wilson[139]). 下面对这两种检验方法作一个简单的介绍.

(1) von Neumann 相关性检验

原假设：

H0：批均值 $\bar{X}_i(b)(i=1,2,\cdots,k)$ 不相关

实施步骤：

Step 1. 计算 von Neumann 统计量

$$C_k(b) = \sqrt{\frac{k^2-1}{k-2}} \cdot \left[1 - \frac{\sum_{i=2}^{k}(\bar{X}_i(b) - \bar{X}_{i-1}(b))^2}{\sum_{i=1}^{k}(\bar{X}_i(b) - \bar{X}_n)^2} \right] \qquad (7\text{-}42)$$

Step 2. 给定检验的显著性水平 γ，确定临界值 C_γ. 若 $|C_k(b)| > C_\gamma$，则拒绝原假设，反之则接受原假设.

在原假设 H0 下，当 b 足够大，且 $k \geqslant 20$ 时，$C_k(b)$ 近似服从 $N(0,1)$ 分布[131,139]，故临界值 $C_\gamma \approx z_{1-\gamma}$，其中 $z_{1-\gamma}$ 为 $N(0,1)$ 分布的分位数.

(2) Shapiro-Wilk 正态性检验

原假设：

H0：$X_i(i=1,2,\cdots,n)$ 为来自正态总体的子样

实施步骤：

Step 1. 将容量为 n 的样本按从小到大排序：
$$X_1 \leqslant X_2 \leqslant \cdots \leqslant X_n$$

Step 2. 将样本最大值和最小值的差值乘以加权系数 a_{n-i+1} 求和，即
$$b = a_n(X_n - X_1) + a_{n-1}(X_{n-1} - X_2) + \cdots + a_{n-k+1}(X_{n-k+1} - X_k)$$
$$= \sum_{i=1}^{k} a_{n-i+1}(X_{n-i+1} - X_i) \qquad (7\text{-}43)$$

当 n 为偶数时，$k = n/2$，当 n 为奇数时，令 $k = (n-1)/2$，即当 n 为奇数时，随机变量序列的中间数不利用. 系数 a_k 可通过查数表得出(见 GB4882-85).

Step 3. 计算 W 统计量
$$W = \frac{b^2}{(n-1)S^2} \qquad (7\text{-}44)$$

其中 S^2 为样本方差.

Step 4. 给定检验的显著性水平 α，根据样本容量 n 和 α 查统计量 W 的分位数数表(见 GB4882-85)，查得临界值 Wkp(n, α)，使之与统计量 W 的值相比较，若 $W \geqslant$ Wkp(n, α) 时，接受已知样本属于正态总体的假设，否则拒绝原假设，而认为样本总体不服从正态分布.

Shapiro-Wilk 被称为最好的正态性检验方法之一，其最大的特点是适用于小样本，样本量可小到 3 个.

- Fishman(1978)方法的高效率实现

取样本容量 $n = b_0 2^L$，其中 $b_0 = 2^l$ 为初始批容量. 利用图 7-1 所示的数据折叠技巧，可得到 Fishman[137]方法的高效率实现. 具体流程如下：

Step 1. 进行 n 次仿真，并求出 $k=n/b$ 个初始批均值 $\bar{X}_1(b),\cdots,\bar{X}_k(b)$

Step 2. 由(7-38)式计算出 $\bar{X}_n$

Step 3. 对 $\bar{X}_1(b),\cdots,\bar{X}_k(b)$ 进行相关性检验和正态性检验，若通过检验，则转到 Step 6，否则转到 Step 4

Step 4. $b \leftarrow 2b$, $k \leftarrow k/2$

Step 5. 将原先的 $2k$ 个批均值折叠成 k 个倍增批容量的批均值(图 7-1)，即

$$\bar{X}_j(b) \leftarrow \bar{X}_{2j-1}(b/2) + \bar{X}_{2j}(b/2), \quad j=1,2,\cdots,k$$

转到 Step 3

Step 6. 由(7-39)式、(7-40)式计算 $V\hat{a}r[\bar{X}_n]$ 及置信区间

Step 7. 输出 n, k, b, $\bar{X}_n$, $V\hat{a}r[\bar{X}_n]$, $\bar{X}_n \pm t_{\alpha/2}(k-1)\sqrt{V\hat{a}r[\bar{X}_n]}$

7.2.2 一致批均值法

固定样本容量 n 下，上述批数量和批容量确定方法的一个不足是难以给出 $V\hat{a}r[\bar{X}_n]$ 的一致估计。此处非一致估计包含两方面的含义：其一、当确定出批容量 b 后，若增加 $k(b$ 不变)，不能保证一定有 $V\hat{a}r[\bar{X}_n] \to Var[\bar{X}_n]$；其二、样本容量 n 固定时，$V\hat{a}r[\bar{X}_n]$ 对批容量 b 的选取比较敏感。

上述缺陷显然不符合稳健性的原则，不利于仿真精度评定，为此一些学者[130,142,143]在引入了一些温和的假设后，提出了一致批均值估计法。设

$$\lim_{n\to\infty} nVar(\bar{X}_n) = \sigma_\infty^2 < \infty,$$

由于 $\{\bar{X}_i(b), i \geq 1\}$ 也是一个协方差平稳过程，可导出(Alexopoulos 等[130,131])

$$\sigma_n^2 = \frac{\sigma_b^2}{k}\left(1 + \frac{n\sigma_n^2 - b\sigma_b^2}{b\sigma_b^2}\right) \tag{7-45}$$

其中，$\sigma_b^2 \equiv Var[\bar{X}_i(b)]$，$\sigma_n^2 \equiv Var[\bar{X}(k,b)] = Var[\bar{X}_n]$。

可看出，若 $n \to \infty$，且 $b \to \infty$，有 $\sigma_b^2/k \to \sigma_n^2$，即当 n 和 b 同时趋于无穷时，(7-39)式是 $Var[\bar{X}(k,b)]$ 的一个渐近有效估计。在具体的操作上，一致估计批均值法主要采用以下的批规则[130,131,142]：

(1) 固定批数量规则。批数量 k 保持固定不变，使批大小 b 随着样本容量 n 的增大而增大。文献[130,131]指出按固定批数量规则，当 $b \to \infty$ 随着 $n \to \infty$ 时

$$\frac{\bar{X}_n - \mu}{\sqrt{V\hat{a}r[\bar{X}_n]}} \to t_{k-1}, \quad n \to \infty$$

(2) 指数批容量规则。取 $b \sim n^\theta, 0 < \theta < 1$，使批大小随着 n 的增大按指数规律递增。例如，前面提到的 MSE 渐近最优下的批容量就属于 $\theta = 1/3$ 的情形。

Damerdji[143]指出在一定的条件下指数规则可取得比固定批数量规则更为准确的精度估计. 常用的指数规则主要有平方根规则和立方根规则.

文献[130], [131], [142]还指出, 固定批数量规则所估计的置信区间通常偏大, 而平方根规则恰好相反, 在中小样本容量下, 所估计的置信区间通常偏小. 上述结论实际上意味着: 当 $n \to \infty$ 时, 固定批数量规则下 $\hat{Var}[\bar{X}_n]$ 要小于实际 $Var[\bar{X}_n]$ 的收敛速度, 而平方根规则下, $\hat{Var}[\bar{X}_n]$ 超出了实际 $Var[\bar{X}_n]$ 的收敛速度. 注意到这种对比, Fishman 等[142,131]提出了混合方案, 仿真时根据对批均值序列相关性检验的结果, 动态地在两种规则之间切换. 文献[131], [142]给出了两种混合方案的数据处理流程 LBATCH 和 ABATCH.

7.2.3 一致批均值法的动态实现

由于 n 和 b 均要动态改变, 一致估计批均值法的算法实现要比固定样本容量下的批均值法复杂得多. 为了解决该问题, 本书构造了动态一致批均值法. 该方法采用固定批数量规则, 优点是不需要预先给定样本容量 n, 且仅需有限的 k 个存储单元.

动态批均值法的核心思想是批均值数据折叠技术(见图 7-1): 设初始的 k(取为偶数)个批均值样本为 $\bar{X}_1(b),\cdots,\bar{X}_k(b)$, 现打算将样本容量 n 和批容量 b 倍增, 则只需按图 7-1 所示, 将 k 个批均值样本折叠成 $k/2$ 个批均值样本 $\bar{X}_1(2b),\cdots,\bar{X}_{k/2}(2b)$, 然后产生 n 个新的仿真子样, 并计算出其余的 $k/2$ 个批均值样本 $\bar{X}_{k/2+1}(2b),\cdots,\bar{X}_k(2b)$. 详细的流程如下:

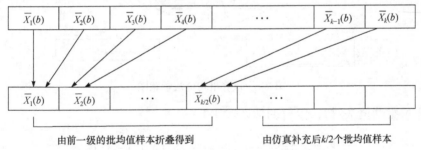

图 7-1 批均值样本数据折叠示意图

Step 0. 初始化
- 输入最大样本量 n_{max}, 初始批容量 b_0 和批数量 $2\bar{k}$
- 置 $b \leftarrow b_0$, $k \leftarrow 2\bar{k}$
- 进行 $n = bk$ 次仿真, 并求出 k 个初始批均值 $\bar{X}_1(b),\cdots,\bar{X}_k(b)$

Step 1. 进行 von Neumann 相关性检验和 Shapiro-Wilk 正态性检验, 若通过检

验则此后略过 Step 1，反之则继续检验.

Step 2. $b \leftarrow 2b$，$n = b \cdot k$

Step 3. 将原先的 k 个批均值折叠成 $\bar{k}$ 个，即

$$\bar{X}_j(b) \leftarrow \bar{X}_{2j-1}(b/2) + \bar{X}_{2j}(b/2), \quad j = 1, 2, \cdots, \bar{k}$$

Step 4. 倍增样本容量，即产生 $n/2$ 新的仿真子样 $X_{n/2+1}, \cdots, X_n$

Step 5. 计算其余的 $\bar{k}$ 个批均值 $\bar{X}_{\bar{k}+1}(b), \cdots, \bar{X}_{\bar{k}}(b)$

Step 6. 计算出 $\bar{X}_n$，$Var[\bar{X}_n]$ 和 $\bar{X}_n \pm t_{\alpha/2}(k-1)\sqrt{Var[\bar{X}_n]}$

Step 7. 输出 n，k，b，$\bar{X}_n$，$\bar{X}_n \pm t_{\alpha/2}(k-1)\sqrt{Var[\bar{X}_n]}$ 及检验结果

Step 8. 转到 Step 1，直到 $n \geq n_{\max}$ ($n_{\max}$ 为用户设定的终止条件)

动态一致批均值法给出的是一系列的点估计和精度分析结果直到 $n \geq n_{\max}$. 通过观察这些结果的收敛性，可对精度分析结果的稳健性作出评判.

7.2.4 重叠批平均值法

重叠批均值法是 Meketon 等[144]提出的相关子样数据分析方法. 和批均值法类似，该方法也将数据分为若干批，每批容量为 b，不同的是该方法采用了 $n-b+1$ 个重叠的批进行数据处理，如图 7-2 所示.

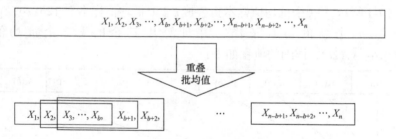

图 7-2 重叠批均值法示意图

重叠批均值法对 $Var[\bar{X}_n]$ 的估计式如下：

$$\hat{Var}[\bar{X}_n] = \frac{b}{(n-b)(n-b+1)} \sum_{j=1}^{n-b+1} (\bar{X}_j(b) - \bar{X}_n)^2 \tag{7-46}$$

其中

$$\bar{X}_j(b) = \frac{1}{b} \sum_{i=j}^{j+b-1} X_i$$

重叠批均值法的优点是更充分地利用了样本数据，因而对 $Var[\bar{X}_n]$ 的估计更为准确. Damerdji & Henderson[132]给出了若干提高重叠批均值算法效率的技巧. Meketon & Schmeiser[144]，Song & Schmeiser[140,145]就协方差平稳子样序列讨

论了重叠批均值法对 $Var[\bar{X}_n]$ 的渐近估计结果. 主要结论如下：

令

$$\gamma_0 = \sum_{j=-\infty}^{\infty} \rho_j = 1 + 2\sum_{j=1}^{\infty} \rho_j, \quad \gamma_1 = \sum_{j=-\infty}^{\infty} |j| \rho_j = 2\sum_{j=1}^{\infty} j\rho_j,$$

并假定 γ_1 和子样 X_i 的四阶矩存在，则有

$$\lim_{\substack{b\to\infty \\ b/n\to 0}} nb\,Bias[V\hat{a}r(\bar{X}_n)] = -\gamma_1\sigma^2 \tag{7-47}$$

$$\lim_{\substack{b\to\infty \\ b/n\to 0}} \frac{n^3}{b} Var[V\hat{a}r(\bar{X}_n)] = \frac{4}{3}(\gamma_0\sigma^2)^2 \tag{7-48}$$

并且有

$$\lim_{\substack{b\to\infty \\ b/n\to 0}} \frac{Bias[\hat{V}(\text{OBM})]}{Bias[\hat{V}(\text{NBM})]} = 1 \tag{7-49}$$

$$\lim_{\substack{b\to\infty \\ b/n\to 0}} \frac{Var[\hat{V}(\text{OBM})]}{Var[\hat{V}(\text{NBM})]} = \frac{2}{3} \tag{7-50}$$

其中，OBM 和 NBM 分别代表重叠批均值法和非重叠批均值法.

(7-49)式、(7-50)式表明 OBM 和 NBM 估计的 $Var[\bar{X}_n]$ 具有相同的渐近偏差，但 OBM 的估计结果具有更小的渐近方差.

Song & Schmeiser[140]还给出了均方误差渐近最小意义下的最优批容量估计，该公式形式上和(7-41)式相同，但取 $(c_b^2/c_v)^{1/3} \approx 0.91$,

$$\hat{b}^* = \left[2n\left(\frac{c_b^2}{c_v}\right)\left(\frac{\gamma_1}{\gamma_0}\right)^2\right]^{1/3} + 1 \approx \left[\frac{3n}{2}\left(\frac{\gamma_1}{\gamma_0}\right)^2\right]^{1/3} + 1 \tag{7-51}$$

和 NBM 均方误差渐近最小批容量估计一样，OBM 最优批容量估计的主要缺点也是涉及较大的样本容量和烦琐的中间量的估计. Song[145]给出了确定 γ_1/γ_0 的流程，该流程通过直接估计一系列的 ρ_j 来估计 γ_1/γ_0. 这种处理方法存在的问题是估计 ρ_j 本身就不是一件容易的事情，事实上除非 n 很大，且 $j \ll n$, 否则 ρ_j 的估计精度将很差(Law & Kelton[2]).

7.3 本章小结

仿真精度分析与评定是系统性能评估中的一个重要环节，是分析评估结果质量的重要依据. 按照仿真输出子样是否独立，本章将精度分析分成两个部分，分别进行了讨论.

对于子样独立下的仿真精度分析问题，本章重点讨论了常见估计量的经典的统计学方法、适用于平滑统计量的 Jackknife 方法和适用于任意统计量 Bootstrap 方法. 原则上仿真样本数可以任意的大，因此经典统计学方法是精度分析中最常用的方法. 然而实际的仿真中，样本足够大是一个很难界定的量，仿真精度分析与评定最好是建立在若干种基于不同思路的仿真精度评定框架，以便相互检验，提高精度评定的准确性. 从这个角度看，Jackknife 方法和 Bootstrap 方法构成了统计学方法很好的补充.

对于非独立子样下的仿真精度分析，本章重点介绍了经典批均值法、一致批均值法和重叠批均值法，并给出了提高批均值类方法计算效率和减小内存占用的一些技巧. 非独立子样的精度分析同样会涉及样本容量的问题，该问题要比子样独立时棘手得多. 对于批均值法，一般是通过经验选取和独立性、正态性检验相结合的方法予以处理. 对于重叠批均值法可采用在一些温和假设下的批容量估计公式，或直接引用非重叠批均值法所确定的批容量.

参 考 文 献

[1] 郑大钟,赵千川. 离散事件动态系统[M]. 北京:清华大学出版社,2001.
[2] Averill M Law, David Kelton W. Simulation Modeling and Analysis[M]. 3nd Ed. 北京:清华大学出版社, 2000.
[3] Banks J, Carson J. Discrete-Event System Simulation[M]. Englewood Cliffs, New Jersey: Prentice-Hall, 1984.
[4] 熊光愣,肖田元,张燕云. 连续系统仿真与离散事件系统仿真[M]. 北京:清华大学出版社,1991.
[5] 冯允成,邹志红,周泓. 离散系统仿真[M]. 北京:机械工业出版社,1998.
[6] 顾启泰. 离散事件系统建模与仿真[M]. 北京:清华大学出版社,1999.
[7] Cao X R, Ho Y C. Models of discrete event dynamic systems. IEEE Control System Magazine, 1990, 10(4): 69-76.
[8] Ho Y C. Dynamics of discrete event systems. Proceeding of the IEEE[C], 1989, 77(1): 3-6.
[9] 袁崇义. Pertri 网[M]. 南京:东南大学出版社,1989.
[10] 林闯. 随机 Petri 网和系统性能评价[M]. 北京:清华大学出版社,2000.
[11] Declerck P, Guihur R. General predictor in the algebra of dioïds. ETFA'99, 7th IEEE International Conference on Emerging Technologies and Factory Automation[C], Barcelona, October, 1999: 1057-1062.
[12] Cohen G, Moller P, Quadrat J, Viot M. Algebraic tools for the performance evaluation of discrete event systems. Proceeding of IEEE[C], 1989, 77(1): 39-58.
[13] Cohen G, Dubois D, Quadrat J P, Viot M. A linear-system-theoretic view of discrete-event processes and its use for performance evaluation in manufacturing. IEEE Transactions On Automatic Control[J], 1985, AC-30(3): 210-220.
[14] Ho Y C, Sreenivas R S, Vakili P. Ordinal optimization of DEDS. J. Discrete Event Dynam. Syst[J], 1992, 2(2): 61-88.
[15] Dai L. Convergence properties of ordinal comparison in the simulation of discrete event dynamic systems. Journal of Optimization Theory and Applications[J], 1996, 91(2): 363-388.
[16] Patsis N T, Chen C H, Larson M E. SIMD parallel discrete-event dynamic system simulation. IEEE Trans. on Control Systems Technology[J], 1997, 5(1): 30-41.
[17] Lin Y B. Parallel independent replicated simulation on networks of workstations. Proceedings of the 8th Workshop on Parallel and Distributed Simulation (PADS'94)[C]. Washington DC: IEEE Computer Society Press, 1994: 71-81.
[18] Ho Y C, Christos G Cassandras. Parallel computation in the design and stochastic optimization of discrete event systems. Proceedings of the 32nd Conference On Decision and Control. San Antonlo Texas-December[C], 1993: 2199-2204.
[19] L'Ecuyer P. Uniform Random Number Generators: A Review. Proceedings of the 1997 Winter Simulation Conference[C], Arlington VA: IEEE Press, 1997: 128-134.

[20] L'Ecuyer P. Random numbers for simulation. Commum. Assoc. Comput. Math.[J], 1990, 33: 85-97.
[21] L'Ecuyer P. Efficient and portable combined random number generators. Commun. Assoc. Comput. Math.[J], 1988, 31: 742-749.
[22] L'Ecuyer P. A search for good multiple recursive random number generators. ACM Transactions on Modehng and Computer Emulation[J], 1993, 3(2): 87-98.
[23] L'Ecuyer P. Combined multiple recursive generators. Operations Research[J], 1996, 44(5): 816-822.
[24] L'Ecuyer P. Maximally equidistributed combined Tausworthe generators. Mathematics of Computation[J], 1996, 65(213): 203-213.
[25] Couture R, L'Ecuyer P. Linear recurrences with carry as random number generators. Proceedings of the 1995 Winter Simulation Conference[C], 1995: 263-267.
[26] Marsaglia G, Zaman A. A new class of random number generators. The Annals of Applied Probability[J], 1991, 1: 462-480.
[27] L'Ecuyer P. Testing random number generators. Proceedings of the 1992 Winter Simulation Conference[C], Arlington VA: IEEE Press, 1992: 305-313.
[28] Knuth D E. The Art of Computer Programming, Volume 2: Seminumerical Algorithms[M]. 3d ed. Reading. Massachusetts: Addison-Wesley, 1981.
[29] Couture R, L'Ecuyer P. Distribution properties of multiply-with-carry random number generators. Mathematics of Computation[J], 1997, 66(218): 591-607.
[30] L'Ecuyer P. Bad lattice structures for vectors of nonsuccessive values produced by some linear recurrences. INFORMS Journal on Computing[J], 1997, 9(1): 57-60.
[31] Matsumoto M, Kurita Y. Twisted GFSR generators II. ACM Transactions on Modeling and Computer Simulation[J], 1994, 4(3): 254-266.
[32] Matsumoto M, Nishimura T. Mersenne twister: a 623-dimensionally equidistributed uniform pseudo-random number generator. ACM Transactions on Modeling and Computer Simulation[J], 1998, 8(1): 3-30.
[33] Press W H, Teukolsky S A. Portable random number generators. Computers in Physics[J], 1992, 6(5): 522-524.
[34] Kinderman A J, Monahan F J. Computer generation of random variables using the ratio of uniform deviates. ACM Trans. Math. Software[J], 1977, 3(3): 257-260.
[35] Leydold J. Automatic sampling with the ratio-of-uniforms method. ACM Transactions on Mathematical Software[J], 2000, 26(1): 78-98.
[36] Stadlober E. The ratio of uniforms approach for generating discrete random variates. Journal of Computational and Applied Mathematics[J], 1990, 31(1): 181-189.
[37] Devroye L. A simple algorithm for generating random variates with a log-concave density. Computing[J], 1984, 33: 247-257.
[38] Gilks W R. Wild P. Adaptive rejection sampling for Gibbs Sampling. Applied Statistics[J], 1992, 41: 337-348.
[39] Hormann W. A rejection technique for sampling from T-convave distributions. ACM Trans. On

Math. Software[J], 1995, 21(2): 182-193.

[40] Evans M, Swartz T. Random variable generation using concavity properties of transformed density. J. of Computational and Graphical Stat.[J], 1998, 7(4): 514-528.

[41] Hormann W, leydold J. Automatic Random Variate Generation for Simulation Input. Proceedings of the 2000 Winter Simulation Conference[C], Arlington VA: IEEE Press, 2000: 675-682.

[42] Hormann W. An automatic generator for bivariate log-concave distributions. ACM Transactions on Mathematical Software[J], 2000, 26(1): 201-219.

[43] Josef Leydold. A rejection technique for sampling from log-concave multivariate distributions. ACM TOMACS[J], 1998, 8(3): 254-280.

[44] Hormann W. The transformed rejection method of generation poisson random variables. Insurance: Mathematics and Economics[J], 1993, 12: 39-45.

[45] Hormann W. A universal generator for discrete log-concave distributions. Computing[J], 1994, 52: 89-96.

[46] Schmeiser B W. Recent advances in generating observations from discrete random variates, in computer science and statistics. Proceedings of the Fifteenth Symposium on the Interface[C], Amsterdam: North-Holland Publishing Company, 1983: 154-160.

[47] 周江华，胡峰，孙国基. 剩余寿命抽样的罗必塔方法及其在可靠性数字仿真中的应用. 航空学报[J], 2001, 22(6): 513-516.

[48] 杜小平. 基本修复元件的寿命抽样方法及其在系统可靠性仿真中的应用. 机械强度[J], 1996, 18(1): 73-76.

[49] 肖刚, 吴俊. 剩余分布抽样及其在非马尔科夫可修系统可靠性数字仿真中的应用. 强度与环境[J], 1997(3): 58-64.

[50] 杨为民, 盛一兴. 系统可靠性数字仿真[M]. 北京：北京航空航天大学出版社, 1991.

[51] 程侃. 寿命分布类与可靠性数学理论[M]. 北京：科学出版社, 1999.

[52] Fishman G S. Accelerated Accuracy in the simulation of Markov chains. Operations Research[J], 1983, 31(3): 466-487.

[53] Kumamoto H, Tanaka K, Inoue K, Henley E J. State-transition Monte Carlo for evaluating large, repairable systems. IEEE Transactions On Reliability[J], 1980, 29(5): 376-380.

[54] Goyal A P, Shahabuddin P Heidelberger, Nicola V F. A unified framework for simulating markovian medels of highly dependable systems. IEEE Transactions On Computers[J], 1992, 41(1): 36-51.

[55] Ho Y C, Li S, Vakili P. On the efficient generation of discrete event sample paths under different parameter values. Mathematics and Computers in Simulation[J], 1988, 30: 347-370.

[56] Gassandras C G, Lee J I, Ho Y C. Efficient parametric analysis of performance measure for communication networks. IEEE Journal on Selected Area in Communications[J], 1990, 8(9): 1709-1722.

[57] Vakili P. Using a standard clock technique for efficient simulation. Operation Research Letters[J], 1991, 10(8) : 445-452.

[58] Barnhart C M, Ephremides A. Improvement in simulation efficientcy by means of standard

clock: a quantitative study. Proceeding of the IEEE 32th Conference on Decision and Control[C], Arlington VA: IEEE Press, 1993: 2217-2223.

[59] Ho Y C, Cassandras C G, Makhlouf M. Parallel simulation of real time systems via the standard clock approach. Mathematics and Computers in Simulation[J], 1993, 35: 33-413.

[60] Barnhart C M, Wieselthier J E, Ephremides. Efficient simulation of DEDS by means of standard clock techniques: queueing and integrated radio network examples[R], Technical Report, NRL/MR/5521-93-7392, Naval Research Laboratory. Sep. 7, 1993: 1-54.

[61] 周江华, 孙国基, 管晓宏. 离散事件动态系统性能评估的改进标准钟方法. 信息与控制[J], 2002, 31(5): 391-395.

[62] 曹晋华. 可靠性数学引论[M]. 北京: 科学出版社, 1986.

[63] Leonard Kleinrock. Queueing System Volume 1: Theory[M]. New York: John Wiley & Sons Inc, 1975.

[64] Edward P C Kao. 随机过程导论(英)[M]. 北京: 机械工业出版社, 2003.

[65] 伊曼纽尔·帕尔逊. 随机过程[M]. 上海: 高等教育出版社. 1987: 44-66.

[66] 肖刚, 李天柁. $n{:}k$ 交叉储备系统备件最优储备量的 Monte Carlo 计算方法. 机械强度[J], 1998, 20(2): 99-102.

[67] 周江华, 胡峰, 孙国基. $n{:}k(m)$交叉储备系统优化配置的仿真方法. 机械强度[J], 2002, 24(1): 6-9.

[68] 周江华, 肖刚, 苗育红. 备件供应规划中的最优储备问题分析. 机械强度[J], 2004, 26(3): 270-273.

[69] 周江华, 肖刚, 孙国基. $n{:}k$ 系统可靠度及备件量的仿真计算方法. 系统仿真学报[J], 2001, 13(2): 159-162.

[70] 盛骤, 谢式千, 潘承毅. 概率论与数理统计[M]. 第 2 版. 北京: 高等教育出版社, 1990.

[71] George C, Roger L B, Statistical Inference[M](英文)第二版. 北京: 机械工业出版社, 2002.

[72] Dinesh U Kumar, Gopalan M N. Analysis of Consecutive k-out-of-n: F systems with single repair facility. Microelectron. Reliab.[J], 1997, 37(4): 587-590.

[73] 刘磊, 管晓宏. 基于改进标准钟方法和全时域仿真的电力系统安全性评估. 中国电机工程学报[J], 2004, 24(1): 11-17.

[74] L'Ecuyer P. Efficiency improvement and variance reduction. proceedings of the 1994 Winter Simulation Conference[C], Arlington VA: IEEE Press, 1994, 122-132.

[75] Barry L Nulson. A decomposition approach to variance reduction. Proceedings of the 1985 Winter Simulation Conference[C], Arlington VA: IEEE Press, 1985, 23-32.

[76] Glynn P W. Efficiency improvement techniques. Annals of Operations Research[J], 1994, 53: 175-197.

[77] Villén-Altamirano M, Villén-Altamirano J. RESTART: a straightforward method for fast simulation of rare events. Proceedings of the 1994 Winter Simulation Conference[C], Arlington VA: IEEE Press, 1994, 282-289.

[78] José Villén-Altamirano. RESTART method for the case where rare events can occur in retrials from any threshold. International Journal of Electronics and Communications[J]. 1998, Vol. 52(3):183-189.

[79] Glynn P W, Iglehart D L. Importance sampling for stochastic simulations. Management Science[J], 1989, 35(11): 1367-1392.

[80] Lewis E E, Bohm F. Monte Carlo simulation of markov unreliability models. Nuclear Engineering and Design[J], 1984, 77: 49-62.

[81] Lewis E E, Tu Z G. Monte Carlo reliability modeling by inhomogeneous Markov processes. Reliability Engineering[J], 1986, 16: 277-296.

[82] Tu Z G, Lewis E E. Component dependency models in Markov Monte Carlo simulation. Reliability Engineering[J], 1985, 13: 45-61.

[83] Shahabuddin P. Importance sampling for the simulation of highly reliable markovian systems. Management Science[J], 1994, 40(3): 333-352.

[84] Parekh S, Walrand J. A quick simulation method for excessive backlogs in networks of queues. IEEE Transactions On Automatic Control[J], 1989, 34(1): 54-66.

[85] Haraszti Z, Keith J. Townsend. The theory of direct probability redistribution and its application To rare event simulation. ACM Transactions on Modeling and Computer Simulation[J], 1999, 9(2): 105-140.

[86] Heidelberger P. Fast simulation of rare events in queueing and reliability models. ACM Transactins On Modeling and Omputer Simulation[J], 1995, 5(1): 43-85.

[87] Juneja S, Shahabuddin P. Fast simulation of Markov chains with small transition probabilities. Management Science[J], 2001, 47(4): 547-562.

[88] Imthias-Ahamed T P, Borkar V S, Juneja S. Adaptive importance sampling technique for markov chains using stochastic approximation. To appear in Operations Research.

[89] De Boer P T, Nicola V F, Rubinstein R Y. Adaptive importance sampling simulation of queueing networks. Proceedings of 2000 Winter Simulation Conference[C], Arlington VA: IEEE Press, 2000: 646-655.

[90] Strickland S G. Optimal importance sampling for quick simulation of highly reliable markovian systems. proceedings of the 1993 Winter Simulation Conference[C], Arlington VA: IEEE Press, 1993: 437-444.

[91] Sadowsky J S, Bucklew J A. On large deviations theory and asymptotically efficient Monte Carlo estimation. IEEE Transactions On Information Theory[J], 1990, 36(3): 579-588.

[92] Sadowsky J S. Large deviations theory and efficient simulation of excessive backlogs in a GI/GI/m Queue. IEEE Transactions On Automatic Control[J], 1991, 36(2): 1383-1394.

[93] Shahabuddin P. Rare event simulation in stochastic models. Proceedings of the 1995 Winter Simulation Conference[C], Arlington VA: IEEE Press, 1995: 178-185.

[94] Goyal A, Heidelberger P, Shahabuddin P. Measure specific dynamic importance sampling for availability simulation. proceedinds of the 1987 Winter Simulation Conference[C], Arlington VA: IEEE Press, 1987: 351-357.

[95] Marvin K Nakayama. A characterization of the simple failure-biasing method for simulations of highly reliable markovian systems. ACM Transactions On Modeling and Computer Simulation[J], 1994, 4(1): 52-88.

[96] Carrasco J A. Failure distance-based simulation of repairable fault-tolerant systems. Proceeding

of the fifth international conference on modeling techniques and tools for computer performance evaluation[C], North Holland, Amsterdam, 1992: 337-351.

[97] Carrasco J A. Efficient transient simulation of failure/repair markovian models. Proceeding of the tehth Symposium on Reliable and Distributed Computing[C], Arlington VA: IEEE Press. 1991: 152-161.

[98] Alexopoulos C, Shultes B C. The balanced likelihood ratio method for estimating performance measures of highly reliable systems. Proceeding of the 1998 Winter Simulation Conference[C], IEEE Computer Society Press, 1998: 1479-1486.

[99] Shahabuddin P, Nicola V F, Heidelberger P, Goyal A, Glynn P W. Variaince reduction in mean time to failure simulation. Proceedings of the 1988 Winter Simulation Conference[C], Arlington VA: IEEE Press, 1988: 491-499.

[100] Philip Heidelberger, Perwez Shahabuddin. Bounded relative error in estimating transient measures of highly dependable non-markovian systems. ACM Transactions On Modeling and Computer Simulation[J], 1994, 4(2): 137-164.

[101] Nicola V F, Shahabuddin P, Nakayama M K. Techniques for the fast simulation of models of highly dependable systems. IEEE Transactions on reliability[J], 2001, 50 (3): 246-264.

[102] Shahabuddin P, Nakayama M K. Estimation of reliability and its derivatives for large time horizons. Proceedings of the 1993 Simulation Conference[C], 1993: 422-429.

[103] Nakayama M K. Fast simulation methods for highly dependable systems. Proceeding of the 1994 Winter Simulation Conference[C], Arlington VA: IEEE Press, 1994:221-228.

[104] Townsend J K, Haraszti Z, Freebersyser J A, Devetsikiotis M. Simulation of rare events in Communications Networks. IEEE Communications Magazine[J], 1998, 36(8): 36-41.

[105] Glasserman P, Kou S G. Overflow Probabilities in Jackson Networks. Proceedings of the 32nd IEEE Conf. On Dicision and Control[C], New York, 1993: 3178-3182.

[106] Smith P J, Shafi M. Quick simulation: a review of importance sampling techniques in communications systems. IEEE J. On Selected Areas Communications[J], 1997, 15(4): 597-613.

[107] Crump K S. Numerical comparison of Laplace transforms using a Fourier series approximation. J. of the ACM[J], 1976, 23(1): 88-96.

[108] Ho Y C. Performance evaluation and perturbation analysis of discrete event dynamic system. IEEE Trans. On Automatic Control[J], 1987, AC-32(7): 563-572.

[109] Reiman M I, Weiss A. Sensitivity analysis for simulation via likelihood ratios. Operations Res.[J], 1989, 37(5): 830-844.

[110] Heidelberger P, Cao X R, Zazanis M A, Suri R, Convergence properties of infinitesimal perturbation analysis estimates. Management Science[J], 1988, 34(11): 1281-1302.

[111] Glasserman P. Derivative estimate from simulation of continuous-time markov chains. Operations Res.[J], 1992, 40(2): 292-308.

[112] Gong W B, HO Y C. Smoothed (conditional) perturbation analysis of discrete event dynamical systems. IEEE Trans. On Automatic Control[J], 1987, AC-32(10): 858-866.

[113] Dai L. A Consistent Algorithm for Derivative Estimation of Markov Chains. In: Proc. 33rd

IEEE Conf, Decision and Control, Vol. 2[C]. Lake Buena Vista, FL, USA: IEEE, 1994: 1990-1995.

[114] Dai L, Ho Y C. Structural infinitesimal perturbation analysis (SIPA) for derivative estimation in discrete event systems. IEEE Trans. on Automatic Control[J], 1995, 40(7): 1154-1166.

[115] Cao X R, Yuan X M, Qiu L. A single sample path-based performance sensitivity formula for Markov chains. IEEE Trans. on Automatic Control[J], 1996, 41(12): 1814-1817.

[116] Cao X R, Chen H F. Perturbation realization, potentials, and sensitivity analysis of Markov processes. IEEE Trans. on Automatic Control[J], 1997, 42(10): 1382-1393.

[117] Cao X R, Wan Y W. Algorithms for sensitivity analysis of markov systems through potentials and perturbation realization. IEEE Trans. on Control System Technology[J], 1998, 6(4): 482-494.

[118] Dai L. Perturbation analysis via coupling. IEEE Trans. on Automatic Control[J], 2000, 45(4): 614-628.

[119] 周江华, 管晓宏, 孙国基. Algorithm for performance sensitivity estimation of Markov discrete event dynamic system. 自动化学报[J], 2003, 29(5): 649-657.

[120] 周江华, 肖刚. Consistent algorithm for sensitivity estimation of markov discrete event dynamic system. Proceeding of IEEE 2003 International Conf. On Machine Learning And Cybernetic[C], November 02-05, Xi'an, China, 2003: 814-818.

[121] Cao X R. Convergence of Parameter sensitivity estimates in a stochastic experiment. IEEE Trans. on Automatic Control[J], 1985, AC-30(9): 845-853.

[122] Rubinstein R Y. Sensitivity analysis and performance extrapolation for computer simulation models. Operations Research[J], 1989, 37(1): 72-81.

[123] Glasserman P. Structural conditions for perturbation analysis derivative estimation: finite-time performance indices. Operations Research[J], 1991, 39(5): 724-738.

[124] L'Ecuyer P. An overview of derivative estimation. Proceedings of the 1991 Winter Simulation Conference[C], Arlington VA: IEEE Press, 1991: 207-217.

[125] Hossein Arsham. Algorithms for sensitivity information in discrete-event systems simulation. Simulation Practice and Theory[J], 1998, 6:1-22.

[126] Fu M C, Hu J Q. A comparison of perturbation analysis techniques. Proceeding of the 1996 Winter Simulation Conference[C], Arlington VA: IEEE Press, 1996: 295-301.

[127] Nakayama M K. On derivative estimation of the mean time to failure in simulations of highly reliable markovian systems. Operations Research[J], 1998, 46(2): 285-290.

[128] Nakayama M K, Goyal A, Glynn P W. Likelihood ratio sensitivity analysis for markovian models of highly dependable systems. Operations Research[J], 1994, 42(1): 137-157.

[129] Wood D C, Schmeiser B W. Overlapping batch quantiles. Proceeding of the 1995 Winter Simulation Conference[C], Arlington VA: IEEE Press, 1995: 303-308.

[130] Alexopoulos C, Seila A F. Output data analysis for simulations. Proceedings of the 2001 Winter Simulation Conference[C], Arlington VA: IEEE Press, 2001: 115-122.

[131] Alexopoulos C, Fishman G S. Computational experience with the batch means method. Proceedings of the 1997 Winter Simulation Conference[C], Arlington VA: IEEE Press, 1997:

194-201.

[132] Goldsman D, Schmeiser B W. Computational efficiency of batching methods. Proceedings of the 1997 Winter Simulation Conference[C], Arlington VA: IEEE Press, 1997: 202-207.

[133] Damerdji H, and Henderson S G. Computational efficiency in output analysis. Proceedings of the 1997 Winter Simulation Conference[C], Arlington VA: IEEE Press, 1997: 208-215.

[134] Efron B. Bootstrap method: another look at the Jacknife. The Annals of Statistics[J], 1979, 7(1):1-26.

[135] Cheng R C H. Bootstrap methods in computer experiments. proceeding of the 1995 Winter Simulation Conference[C], Arlington VA: IEEE Press, 1995, 171-177.

[136] Sargent R G, Kang K, Goldman D. An investigation of finite-sample behaviour of confidance interval estimators. Operations Research[J], 1992, 40(5): 898-913.

[137] Fishman G S. Grouping observations in digital simulation. Management Science[J], 1978, 24: 510-521.

[138] Schmeiser B W. Batch size effects in the analysis of simulation output. Operations Research[J], 1982, 30: 556-568.

[139] Steiger N M, Wilson J R. An improved batch means prodedure for simulation output analysis. Management Science[J], 2002, 48(12): 1569-1586.

[140] Song W T, Schmeiser B W. Optimal mean-squared-error batch sizes. Management Science[J], 1995, 41(1): 110-123.

[141] Yeh Y, Schmeiser B W. On the MSE robustness of batching estimators. Proceedings of the 2001 Winter Simulation Conference[C], 2001: 344-347.

[142] Fishman G S, Yarberry L S. An implementation of the batch means method. INFORMS Journal on Computing[J], 1997, 9: 296-310.

[143] Damerdji H. Strong consistency of the variance estimator in steady-state simulation output analysis. Mathematics of Operations Research[J], 1994, 19: 494-512.

[144] Meketon M S, Schmeiser B W. 1984. Overlappingbatch means: something for nothing? Proceedings of the 1984 Winter Simulation Conference[C], Arlington VA: IEEE Press, 1984: 227-230.

[145] Song W T. On the estimation of optimal batch sizes in the analysis of simulation output analysis. European Journal of Operational Research[J], 1996, 88: 304-319.

索 引

B
崩溃时间	110
比值法	21
变异系数	128
标准钟(SC)方法	59
标准钟方法	35, 43
泊松分布	53

C
"差异性"(Discrepancy)检验	18
参数灵敏度	104
参数灵敏度估计	9

F
仿真精度分析	128
仿真钟	37
分布均匀性检验(Equidistribution)	18
风险函数	38

G
概率密度函数	75
概率密度函数凹变换法	22
高可靠动态系统	85
高可靠性系统	85
"格子"(Lattices)检验	18
估计器	51
贯序分析	133
广义半 Markov(GSMP)	2, 34
广义随机 Petri 网	35

H
函数变换法	20, 31

J
活动扫描法	34
积分型样本性能测度	54
极限分布抽样法	31
极小分布抽样法	34
几何分布	65, 89
继承抽样法	31
加速失效方法	74
进程交互法	34
经典事件调度构造法	34
均方误差	128
均匀化实现	73, 105

K
可靠性评估	75

L
离散事件动态系统	1

N
逆变换法	31

P
排队网络	35, 75
批均值法	54, 57
批平均值法	137

Q
嵌入泊松流法	34
强迫转移法	74
取舍法	19

S
剩余分布	25

失效率函数	38	CI90	59, 63, 64
事件	1	DEDS	1
事件调度法	34	DEDS 仿真	6, 50
事件序列	51	EST	63, 64
似然函数	78	FIFO	66
随机 DEDS 仿真	7, 34	GAM 分布	93
随机过程	38	GFSR	14
随机数发生器	7, 12	GSMP	35
T		IPA	102
条件期望	51, 103	Jackknife 方法	134
W		k-out-of-n(F)C	67, 68
稳态性能测度	107	Laplace 变换	93
无偏估计	63	LCG	13
X		LFSR	14
小概率事件	74	LR	10, 11, 102, 111
小概率事件系统	6	$M/M/1/K$	64, 112
性能测度函数	75	$M/M/1/K$ 队列	58
虚拟事件	44, 65	Markov 系统	11, 36
Y		Markov 型 DEDS	9, 34, 36
样本方差	133	MBTF	85
样本均值	133	Monte Carlo 方法	5
样本路径	8, 9, 39	MRG	13
溢出概率	75, 96	MTBF	88
Z		MTTF	85, 87
再生法	54, 57, 84	$n{:}k(m)$型	44, 66
再生周期	84	NC 方法	48
指数分布	40, 43, 49	NON-CLOCK	9, 51, 102
置信区间	128	PA	10, 11
重要抽样	76	Perti 网	35
重要抽样方法	123	SPA	111
组合法	20	SPA-LR	102, 111
最小化实现	73, 105	Tausworthe 发生器	16
其他		$U(0,1)$发生器	12
Bootstrap 方法	135	Z 序列	51, 53, 59